精力管理

成就卓越人生的关键

舒娅 ———————— 著

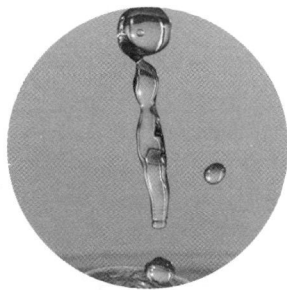

中国纺织出版社有限公司

内 容 提 要

　　一天好多时候都犯困、体重失控、想运动又没有时间、因为KPI焦虑得失眠、注意力下降、总是忍不住玩手机、每天都疲于奔命……成年人的精力水平在30岁以后是逐年下降的，但家庭和事业对人的要求却是不断增加的，如果不采取正确的行动，提高自己的精力水平，这个缺口不仅会影响我们成就卓越的事业，还会造成个人幸福感不断下降。人的精力水平其实有很大的潜能，掌握扎实的心理学知识，通过科学的训练，每个人都可以精力充沛且从容应对压力和挑战。这本书里有精力管理的最新理论、科学证据，也有作者的实践经验，一定能帮你获得更多的精力和时间，过上想要的生活。

图书在版编目（CIP）数据

精力管理：成就卓越人生的关键 / 舒娅著. —北京：中国纺织出版社有限公司，2021.4
ISBN 978-7-5180-8373-2

Ⅰ.①精… Ⅱ.①舒… Ⅲ.①成功心理—通俗读物 Ⅳ.①B848.4-49

中国版本图书馆CIP数据核字（2021）第027788号

策划编辑：郝珊珊　　　责任校对：高　涵　　　责任印制：储志伟

中国纺织出版社有限公司出版发行

地址：北京市朝阳区百子湾东里A407号楼　　邮政编码：100124

销售电话：010—67004422　传真：010—87155801

http://www.c-textilep.com

中国纺织出版社天猫旗舰店

官方微博http://weibo.com/2119887771

天津千鹤文化传播有限公司印刷　各地新华书店经销

2021年4月第1版第1次印刷

开本：880×1230　1/32　印张：6.5

字数：168千字　定价：48.00元

凡购本书，如有缺页、倒页、脱页，由本社图书营销中心调换

序 言

没有充沛的精力，何以扛起世事的艰辛？

当生活呈现出这样的画面时，你是否感到过深深的厌倦？

· 冬日的清晨，天蒙蒙亮就起了床，简单吃了一些早饭就急忙出门，可通勤的路上依旧是人满为患。没有跟谁多说一句话，也无暇去看周围的一切，闭着眼睛晃晃荡荡地坐到公司，还没有正式开始工作，却好像已经忙碌了一整天。

· 每天的工作任务都列了清单，信心满满地想让时间不虚度，成为高效能的工作者。然而，时针才指到12点，精力就像是泄了气的皮球，连吃午饭排队都变得没有耐心，一不留神就让焦躁和愤怒的情绪占据了上风。

· 晚上特意腾出了时间，想给孩子高质量的陪伴，创建融洽的亲子关系。只是，才辅导了半小时的功课，就因孩子的分心、马虎，忍不住大发雷霆，所有看过的、学过的情绪管理、正面管教，统统都抛在了脑后。事后，内心自责、懊悔轮番袭来，发誓下次一定不会再这样，结果大都变成了空口承诺。

· 终于熬到了休息日，却也没有想象中那么美妙。原本活跃在脑海里的那些计划安排，却因整个人的慵懒不想动，彻底化为了泡影。

即便是收拾屋子、晾晒衣服等简单的家务，也变成了一项项难以完成的事件。什么也没做，什么也做不了，既对浪费时光感到可耻，又为无法行动而感到焦虑，心情复杂得难以言表。

·整个人变得越来越神经质，一点点吹风草动都犹如大难降临，让人忍不住痛哭一场。当有人让我做一点事情时，无论事情大小、是难是易，我都觉得难以承受。这种崩溃不仅仅出现在白天，还会在深夜以失眠的方式来造访，睡不好、没精神，没精神、更颓靡，最后酿成了恶性循环，这个巨大的黑色阴影，让我无法靠自身的意愿摆脱。

·……

或许，与之相似的感受和情景，你还可以罗列出更多。生活，仿佛陷入了一个怪圈：没有充裕的时间时，会埋怨节奏太快、要做的事太多；真有了空闲的时间，却又感到焦虑和茫然，不知所措。无论是哪一种情形，都忍不住让人在心底发出嘶吼或沉吟：为什么生活如此艰辛？人到底该怎么活？又该为什么而活？

在人生的某一阶段或节点，我们的确像是迷途的羔羊，既找不到方向，也没有前行的力量。原本很简单的一件事、一个抉择，都充满了挣扎与纠结，变得无比艰难。唯一残留的，似乎只有目睹时光逝去的哀叹。可是，在内心深处，我们又十分清楚：这样的颓靡状态，不是因为懒，也不是因为厌倦生命，而是不知道该怎么让自己集中精力找回对生活的热情，对未来的希望，哪怕只是早晨可以积极起床，不再拖拖拉拉的动力。

　　亲爱的你，此时此刻，是否正在饱受此般的煎熬与折磨？

　　若不是，那我为你感到幸运和开心，愿你能一直保持充沛的精力、饱满的热情；若是，让我在精神层面深情地拥抱你一下，并恳请你听我说一句："无论时下的境遇如何艰辛，它都只是一个阶段，要相信它会过去的，也要相信你也可以好起来。"相信我，这不是在灌输鸡汤，因为我也曾是这条路上的过客，上述的种种感受我都切身地体会过，但我最终也从不知所措中走了出来，重新点燃了应对繁杂世事的能力。

　　我想，你一定迫切地想知道：精力管理跟时间管理、效率管理是不是一回事？怎么做才能从疲惫不堪中解脱，进入高能量模式？往后余生，如何能够确保自己身体健康，合理利用大脑，找回工作的激情，有时间享受生活，在运动中恢复精力，接纳自己的优点与弱点，接受生活赋予的一切经历？

　　别急，这本精致温暖而充满治愈力的小书，会缓缓地告诉你与之相关的答案。

舒娅

2020年11月

目录

C O N T E N T S

Part 1

聚焦体能

——打造"不疲惫"的身体

01 / 体能不足的人，没有资本谈精力十足

三年前，我认识了健身达人Z姐姐，或许称她为精力达人更为恰当。

Z姐姐在南方的一所大学任教，身高165cm，体重常年保持在两位数。已经50岁的她，身型看起来依旧如少女一般，不是纤弱之态，而是健康之美。纤美的身材自然令人艳羡，可这并不是重点，真正令人惊叹的是，她在完成日常工作之余，保持每天跑步10千米和晨读的习惯，即便出差在外地也雷打不动地执行，同时每个周末都会制作健康的美食，起初只是自己吃，后来还给关注她的"集美群"分享健康饮食和运动的内容，以及美食的制作步骤。

起初，我心里一直纳闷：Z姐姐怎么会有如此充沛的精力？做这么多事情能吃得消吗？这并非我个人的疑问，健身群里的姐妹们也提出过类似的问题，她们也希望能通过饮食和运动减脂，提高自身的形象，但现实往往是一地鸡毛，无法兼顾。有姐妹说，效仿Z姐姐晨跑3~5公里后，感觉身体更疲惫了，一整天都无精打采。

同样都要面临高压的工作，同样一天都是24小时，为什么50岁的Z姐姐可以应付得来，而20~30岁的我们却感觉吃不消呢？关于这件事，Z姐姐提出过一个反问："你想通过运动达到什么目的？"毫无疑问，多数姐妹的回答是减脂和提高代谢，可Z姐姐却说："我从来没有想过要变得有多瘦，我要的就是每天精力充沛地去工作和生活。当我站在学生面前，我要以饱满的状态去给他们讲课，并在其他时间完成课题研究。当突然接到出差的任务时，也有足够的精力支撑我奔波于往返途中，而不是稍加忙碌就会生病。对我来说，拥有良好的体能和旺盛的生命力，比拥有傲人的马甲线更重要。"

至此，我们才真正知晓，Z姐姐的晨跑10千米，为的是让自己获得良好的体能，从而

精力锦囊

　　体能好是精力充沛的根基，直接影响着我们投入工作与生活的能力。

更好地应对生活的种种。从某种程度上来说，Z姐姐的这种解释颠覆了一些人的认知。因为在不少人看来，跑步是在消耗身体的能量，体能消耗掉了，怎么可能精力充沛呢？

其实，这里存在一个对体能的认知误区。很多人习惯性地把运动和体能混为一谈，这其实是片面的。体能一词，最早源于美国，其英文是Physical Fitness。从广义上来说，指的是人体适应外界环境的能力；在英文文献中，指的是身体对某种事物的适应能力。我们都知道，外界的环境时刻都在变化，我们的身体如何根据这些变化来进行

调试？其调试的能力如何？这就是体能，即身体的适应性。德国人对体能的解释更为直接——工作能力。

为什么体能好的人，精力会更加旺盛呢？

医学研究发现，体能良好尤其是心肺能力突出的人，大脑的供血、供氧、供糖都会更好。因而，大脑的工作效率就会提升，即便是长时间的工作也更不容易疲惫。有一个事实可以说明问题：全世界出产世界五百强CEO最多的学校，不是哈佛，也不是耶鲁，而是西点军校。他们在西点接受的战略思维养成、纪律性、团队意识、目标感以及体能训练，为后来应对繁重的工作奠定了坚实的基础。所以说，体能好是精力充沛的根基，直接影响着我们投入工作与生活的能力。

这就不难理解，为什么Z姐姐要坚持晨跑10公里？因为她在打造过硬的体能，有了这一先决条件，她才可以精力充沛地去学习和工作，充分享受休闲活动的乐趣，并能够从容自如地应对各种意外状况。当然了，这绝不是一日之功，更与天赋无关，而是循序渐进、于日积月累中锻造出来的。

说到这里，不得不提及精力管理的金字塔模型，它很好地解释了精力的构成。当我们理解了这个模型，就知道该如何有计划地管理自己的精力了。这个模型共有四层，呈金字塔状：模型的最底层是体能，它是精力的基础；第二层是情绪，它影响人的记忆力、认知力和决策力；第三层是注意力，能够让精力有效输出，减少不必要的耗费；第四层是意义感，也是人活着的最高追求，是驱动我们做事的底层逻辑，是精力的最终源泉。

看到这个模型，我们不难发现，体能是精力管理的重要根基。体能犹如一块可充电的电池，也许一开始电量并不充足，但通过有效地调整和训练，却可以让电量不断得到提升。那么，具体该怎么做呢？

从心理学的角度来看，精力来源于氧气和血糖的化学反应；从实际生活来看，精力储备与我们的呼吸模式、饮食结构、睡眠质量、身体的健康程度等息息相关。接下来，我们对这系列内容进行详细的介绍，学习如何打造"不疲惫"的身体。

02 / 时刻都在呼吸的我们，真的了解呼吸吗

越是看似平常的事物，越容易被人忽视，也越容易在失去时让人感悟它的珍贵。

呼吸，就是这样一种事物。如果没有遇到特殊的情况，比如感冒鼻塞、游泳呛水，我们几乎不会花心思去体会它的存在，一呼一吸就那么自然而然地发生了。可当呼吸因疾病或外界的其他因素被剥夺时，我们却会郁闷不已，痛苦不堪。

呼吸，不仅关乎着生命的存亡，也关乎着身体的能量。换句话说，呼吸是能量的来源。我们经常会听到一个词语——"有氧呼吸"，它的意思是指细胞在氧气的参与下，通过多种酶的催化作用，对葡萄糖等有机物进行彻底的分解，产生二氧化碳和水，同时释放出大量的能量。从本质上说，呼吸是要先进行能量的输入，然后再通过能量的输出，实现能量守恒。这一过程，需要内在和外在都达到统一。

修习瑜伽的人大都有过这样的感触：初学时往往把体位看得很重要，也经常会因为身体的柔韧度不够而在拉伸时感到格外难受，且呼

吸也会变得困难。有时，一个体式做得不到位，抑或无法保持稳定的姿态，也很难控制好自己的呼吸。

随着修习的深入，练习者开始意识到，瑜伽中的呼吸和身体的角色同样重要。只有把身体、呼吸、心志合为一体时，才能真正领悟一个体位法的真正价值。想把瑜伽练好，第一步就是要有意识地把呼吸和身体结合起来，让呼吸来引导每一个体式，实现两者的结合。

毫无疑问，呼吸在运动过程中发挥着重要的作用，那么在日常的工作和生活中，我们是否也可以通过呼吸来为自己补充能量呢？答案是肯定的，但这里有一个前提条件，就是先要学会正确的呼吸方式！

是的，你没有听错，虽然我们时刻都在呼吸，但不是每个人的呼吸方式都是正确的。事实上，很多人都处在一种浅呼吸的状态中，吸得很浅，只吸到胸腔就吐出去了，身体很难感觉到完整而彻底的放松。想要身体积蓄能量，我们需要的是——深呼吸。

为什么深呼吸如此重要呢？因为在所有的内脏器官中，肺部是我们唯一可以调控的，而调控肺部的方式就是深呼吸。同时，深呼吸可以调动人体的副交感神经。副交感神经是做什么的呢？它的主要任务就是放松身体和消化吸收，而这两者对我们来说极其重要。

想要恢复体能和精力，我们就要不断强化副交感神经，让身体主动地放松下来，慢慢恢复。然后，当我们需要它的时候，再调动所有的精力，全力以赴去完成目标。所以说，精力达人不是不会累，而是他们更会放松和休息，懂得劳逸结合，在主动恢复中为身体蓄能。

精力锦囊

想把瑜伽练好，第一步就是要有意识地把呼吸和身体结合起来，让呼吸来引导每一个体式，实现两者的结合。

怎么来判断自己的呼吸是否正确呢？又该如何做深呼吸呢？现在，你可以按照下面的指令练习一下，它既是一个对呼吸方式的测试，同时也是一个纠正的训练。

· Step1：站立、坐直或平躺，使全身处于舒适、放松的状态。

· Step2：一只手放在胸前，另一只手放在腹部。像平时那样呼吸，同时观察胸部和腹部的起伏变化。

· Step3：当腹部鼓起时，胸部仍旧保持原状，这样的呼吸方式就是正确的。如果胸部的起伏比腹部大，那就要调整呼吸，用腹部吸气，同时胸部保持原状。把手放在腹部，胸部保持原样，练习吐纳。深吸气5秒钟后，再呼气。

· Step4：抓住一切可练习这一呼吸方式的机会，实现从刻意练习到习惯养成，最终将它变成自然而然的呼吸方式。

尝试做20次深呼吸，感受一下，你的身体是不是慢慢放松下来了？

03 / 冥想5分钟，你能更好地控制自己的选择

身在这个压力重重的时代，我们无法彻底逃离纷繁复杂的世事，但我们有选择的权利，存留对自己有益的消息，过滤那些无用的消息。当我们了解到了深呼吸对于身体和精神的益处，并逐渐将这种呼吸方式养成习惯后，还可以做一个深度的放松、休息训练——冥想。

脑科学家们进行过一个实验：受试者有两组人，一组人经常做冥想，另一组人从来不做冥想。两组人同时接上功能性磁共振设备，实时观测他们的大脑活动变化。在受试者毫无防备的情况下，实验人员突然用火燎了一下他们的腿部，所有人都因惊吓发出了尖叫声。

接下来，情况开始发生变化：那组不做冥想的受试者，大脑中的"杏仁核"区域在之后很长一段时间里依旧活动剧烈，经历着强烈的情感波动，完全沉浸在对疼痛的恼怒和提防中，持续很久才消失。相反，那组经常做冥想练习的受试者，在发出尖叫声之后，情绪很快

就恢复了平静。被火燎的那一刻过去后，他们就把那个瞬间彻底"放下"了。

心理是脑的机能，脑是心理的器官。我们在进行理性判断和自主选择时，主要依靠大脑的前额叶皮质，这个区域十分关键。相关研究发现，长期进行冥想训练的人，大脑前额叶皮质中的灰质增加了。换而言之，通过冥想训练，有可能获得更发达的前额叶皮质，从而让人更好地控制自己的情绪和选择。与此同时，在冥想的一呼一吸中，也可以刺激副交感神经，帮助我们释放压力，调整状态。

在碎片化信息泛滥的时代，每天睁开眼，就会看到、听到大量的社会性新闻。这些繁杂的信息，有正向的，也有负向的，让我们的思绪忍不住跟着一起缠绕；再加上消耗心力体力的工作，麻烦不断的人际关系，大脑真是不堪重负。就算熬到了周末，睡一上午的懒觉，依然觉得疲乏，精力不足。

面对这样的状况，我们很有必要把冥想列入日清单之中，它可以帮助我们回到当下，集中意识，提升注意力和创造力。不需要花费太多的时间，每天只要5分钟，就可以帮助我们的体能、思维和情感平复下来。

那么，冥想具体该怎么做呢？这里推荐2个简单好用的冥想法：

· 方法1：盘腿静坐冥想法

· Step1：找到一处安静的、不受干扰的地方，盘腿静坐，双手自然垂放在两个膝盖上。

・Step2：闭上眼睛，把全身的精力集中在呼吸上。

・Step3：用腹部呼吸，深深地吸气，腹部内收。

・Step4：吸到最大，摒气。

・Step5：缓缓呼气，腹部外松。

・Step6：呼出全部，摒气。

在冥想的过程中，如果注
意力忽然不集中了，大脑冒出
其他的想法，没关系，不用着
急或回避，承认这个想法，再

> **精力锦囊**
>
> 通过冥想训练，有可能获得更发达的前额叶皮质，从而让人更好地控制自己的情绪和选择。

把它放走，意识始终关注于呼吸。不用限制一呼一吸的时长，尽自己
最大的可能。长期坚持，专注力和注意力都会得到明显的提升。

・**方法2：数呼吸冥想法**

把全部的注意力都集中在呼吸的过程中。

吸气，想象一股美好的气流，缓慢地从鼻腔进入自己的身体，给
自己带来舒适的感觉。吐气，想象一股不好的废气，缓慢地从鼻腔离
开自己的身体，让身心得到净化。

完成上述的吸气吐气过程，可以在心里记一个数，从1数到10。
然后，再重新开始，根据自己的实际情况完成几个循环。

冥想，可以让我们专注地沉浸于当下。任何处于专注状态下的人

都是平静的，而在平静的状态下能量是不会耗散的。如果白天的环境比较嘈杂，可以在每天睡前进行5分钟的冥想，让自己卸掉一整天的压力，平心静气地开启睡眠模式。

04 / 善待自己的第一条，就是吃好一日三餐

打开知乎或头条，总能看到类似这样的问题——

· 断食7天，能减掉10斤吗？

· 不吃主食，每天跑步5千米，多久能瘦15斤？

· 早上吃鸡蛋，中午吃牛肉，晚上吃西红柿，一个月能瘦多少？

· ······

减重，真的是一个持久不衰的热门话题。日本有位男士，还亲自做了断食实验，七天之内只喝水不吃任何东西。试验结束后，他的体重从64kg变成56.35kg，大致减少了7.65kg。从数字上看，减重成果可喜可贺，但经过具体的分析后发现，减掉的7.65kg体重里，只有不到1kg是脂肪。这说明什么呢？体重是降了，可惜减的不是"肥"（脂肪），而是糖分、水分和无比宝贵的蛋白质！

7天过后，继续断食的话，当然会消耗脂肪，可随之而来的，是免疫力和精力的急剧下降。如果长期如此，再加上高强度训练，就会威胁到生命。总而言之，断食减不了肥，一旦恢复正常饮食，体重很

快就会反弹，但丢失的蛋白质、良好的体能、充沛的精力，却不是一时半会儿能补上来的。

我身边也有靠不吃主食减肥的朋友，开始几天觉得还能忍受，也欣喜于体重的N连降。但一周过后就不那么顺畅了，明显感觉情绪低落，易怒易激惹，做什么都提不起精神，大脑昏昏沉沉的，感觉生活都没意思了。直到有一天，精神上撑不住了，开始暴食各种碳水，前面所有的痛苦和煎熬，全都打了水漂。这一切，都是因为糖分摄入不足引发的。

减肥的本质是什么？不是仅看体重秤上的数字变化，而是要养成健康的、可长久坚持的、令人舒适的饮食习惯。简单来说就是，饭是一定要吃的，关键在于吃什么，怎么吃。

·**Step1：选择优质的食材，为精力提供燃料**

不知道你有没有这样的感觉？在吃了大量的蛋糕、薯条等高糖高油的食物后，总是懒懒的不想动，甚至昏昏欲睡？实际上，这就是劣质食物进入身体后引发的后果。这些食物不容易消化，大量的血液都要集中到胃部工作，使得大脑供氧不足。吃了这些东西后，非但补充不了精力，还给身体增加了负担。特别是晚上，消化系统还要加班加点地劳作，身体很难得到充分的休息。所以，高油高糖、添加剂多的零食，一定要远离。

什么样的食物，能够带给我们充沛的精力呢？

　　首先，我们要知道，人体必需的营养素有七大类，分别是糖类、蛋白质、脂肪、水、维生素、矿物质、膳食纤维，我们着重谈一谈排在最前面的五大类：

　　1.糖类

　　中国人的饮食向来都是以主食为主，过去很多年里，大家习以为常的早餐就是馒头、油条、稀饭，这些食物的升糖指数很高，很容易被消化成葡萄糖，消耗不掉就会转化为脂肪。当然，这并不是说要彻底戒掉糖类，这种东西吃多了会发胖，让人不精神，可吃少了会让人情绪不佳，少了很多生活乐趣。

　　正确的做法是，限量食用精糖和血糖指数高的食物，如精米白面；适量食用升糖指数低的食物，如粗粮、豆类等；尽量少食用热量高、糖分高、无营养的食物，如膨化零食、碳酸饮料等。总之，缓慢释放的糖分能够为我们提供更稳定的精力。

　　2.蛋白质

　　蛋白质有多重要呢？毫不夸张地说，没有蛋白质，就没有生命。

　　我们的身体，从毛发、皮肤到骨骼、肌肉，再到大脑和内脏，乃至血液、神经组织、内分泌组织，都离不开蛋白质的参与。如果长期食用高油、高糖类食物，而蛋白质的摄入又不足，会导致肌肉越来越松软；长期缺乏蛋白质，头发也会缺乏光泽、易断裂。更为重要的是，蛋白质与免疫系统有密切的关系，因为免疫细胞也是由蛋白质组成的，少吃或不吃蛋白质，免疫细胞就没办法正常工作，身体自然就容易生病。

蛋白质固然好，但也有等级之分，通常是以包含人体所必需的氨基酸来评级的。通常来说，动物蛋白（鱼肉、虾肉、牛肉、羊肉、猪肉）评分高于植物蛋白。需要提醒大家的是，蛋白质的摄入不能过量（超过每千克体重1.9g），否则体内的氮含量就会增加，这被认为有可能对肾脏造成负担。一般来说，体力活动较少时，建议蛋白质摄入量每千克体重0.8~1.2g；运动人群、体力劳动者，建议蛋白质摄入量每千克体重1.2~1.8g。

3.脂肪

在很多人的认知中，脂肪是不健康的。事实上，脂肪并非一无是处，它可以减缓饥饿感、缓解餐后血糖的上升速度，有助于身体健康和细胞膜的修复。只不过，现代人的生活相对充裕，食物充盈，因此要限量摄入脂肪，避免油脂过多导致肥胖，或引起高血压、糖尿病、心血管疾病等。

通常来说，我们每天摄入的油脂总量保持在每千克体重1g以内，如果想要减脂，可以将每日的摄入量控制在每千克体重0.8g。需要注意的是，女性每天摄入的脂肪量如果低于每千克体重0.6g，可能会引起生理周期紊乱，所以尽量别低于这个底线。

要尽量选择优质脂肪，如三文鱼、金枪鱼、鱼油、核桃、芝麻油等，避开劣质脂肪，也就是反式脂肪酸。通常来说，这个名字不会直接出现在配料表中，但是当看到"氢化植物油""植脂末""奶精""人工黄油""植物起酥油"等字眼，就要特别注意了，它们都是反式脂肪酸的别称，能不吃就不吃。

4.水

水是生命之源，充足的水分可以增加身体的活力，提高皮肤和筋膜的质量，保持肌肉与关节的润滑，并能够延缓衰老。同时，充足的水分还可以避免暴饮暴食，因为有时感到饥饿，并不是真的饿，而是渴了，这两个信号很容易发生混淆。

不要等口渴了再喝水，那时身体已经是极度缺水了。要养成常补水、小口喝、喝温水的习惯；饭后过半个小时再喝水，避免降低胃酸，影响消化能力；美国国家科学院医学研究所建议，人每天的饮水量为每千克体重30mL，也就是说，体重是50kg，每天的饮水量应该为1500mL。在运动过程中，也需要及时补充水分或电解质饮料。如果水分流失超过体重的2%，就会降低运动表现。尽量不要喝含糖饮料，这样能让身体保持更好的状态。

5.维生素

水果和蔬菜是维生素的重要来源，两者相比较而言，我们更推荐蔬菜，特别是绿叶蔬菜，它的平均维生素含量是各类蔬菜中最高的。以西蓝花来说，100g西蓝花的维C含量是同质量橙子维C含量的1倍，是同质量苹果维C含量的10倍。不仅如此，绿叶蔬菜还是β–胡萝卜素的优质来源，且它的维生素B_2含量也相当可观，这是国人比较容易缺乏的一种营养素，体内维生素B_2不足容易出现烂嘴角、嘴唇肿等症状。

所以说，日常饮食中每餐都应当有一盘绿叶蔬菜，这是我们真正需要的精力来源。如果外出无法摄入足量的绿叶蔬菜，也可以选择维生素片作为补充。

总而言之，饮食是精力的重要燃料，想要保持充沛的精力，就需要进行科学的饮食管理。

·Step2：借助饮食调控情绪，减少精力损耗

饮食和情绪有关系吗？当然，且关系重大，否则就不会有情绪性进食这一问题出现了。

当身体缺少维生素B_1时，人很容易出现暴躁易怒的情况；当身体缺少维生素B_3时，人又会出现焦虑不安、失眠或抑郁的情况。如果肉吃多了，肾上腺素的含量就会提升，这会导致人冲动易怒。

> **精力锦囊**
>
> 日常饮食中每餐都应当有一盘绿叶蔬菜，这是我们真正需要的精力来源。如果外出无法摄入足量的绿叶蔬菜，也可以选择维生素片作为补充。

当身体摄入的色氨酸过少时，人很容易陷入悲观、忧郁之中。所以，平日里要适量吃一些小米、鸡蛋、香菇、肉松等食物，保证色氨酸的正常摄入。当体内维C含量不足时，会出现情绪和行为上的孤

僻、冷漠、忧郁，所以新鲜的果蔬是不可或缺的。

想要抑制忧郁、悲伤的情绪，可以适当喝一些鸡汤，鸡汤里富含的游离氨基酸，能够提升多巴胺和肾上腺素。香蕉也是优质的食物，里面含有"生物碱"，可以调节忧郁的情绪。

如果情绪总是反复无常、不稳定，要多食用碱性食物，如花生、大豆、鸡蛋等。要是情绪波动特别大，总是莫名其妙地发火，可以尝试一下"吃素"。当然了，不是要彻底放弃肉食，只是通过饮食方式恢复心境的平和，因为素食中含有叶绿素和纤维等，可以调控血压，对情绪调节有帮助。

最后要提到的是盐和铁，别小看这两样东西，它们对精力的影响甚大。如果摄入盐太多，身体无法正常代谢，就会导致身体出现水肿，人也变得懒懒的。如果体内的铁元素不足，人也会变得不精神，昏昏欲睡。所以，平时要少吃盐，多吃一些富含铁的食物，如瘦肉、鸭血、紫菜、海带、红枣、豆腐、黑木耳等，最好是荤素搭配，加速铁的吸收。

· Step3：通过饮食改善压力情况

生活在充满不确定性的时代，注定要和慢性压力长期共存。很多人在面对压力时，会选择吃东西来缓解焦虑，结果非但没能减缓焦虑，还给自己徒增了更大的压力。很简单，过度的饮食导致肥胖，肥胖的结果本身就是一种压力。然后，就陷入了恶性循环中：越有压力越去吃，越控制不住自己越焦虑，暴食之后，不但身体沉重，心理上还要承受负罪感。

要减缓或避免这样的情况，要从饮食习惯和营养摄入下手。

首先，要减少进食量，不要把大量的食物囤积在家中，可以准备一个食物秤，有效地定量。吃食物时要专注，细嚼慢咽，享受每一口食物的味道。集中注意力进食，就是在放松压力。同时，减缓进食速度，更容易察觉饱腹感，狼吞虎咽的方式，往往是一口气吃很多，想停下来的时候，已经过量进食了。

其次，在营养摄入方面，尽量少吃精制谷物、白米饭等单一化合物，它们会在体内迅速刺激血清素的分泌，而后很快失效。这就会导致情绪波动，不仅无法缓解压力，还会让人感到疲劳、没精神。可以适当增加复合碳水化合物含量高的食物，如全麦面包、麦片、粗粮饭等，它们能够长时间刺激大脑产生血清素，这种物质可以改善人的情绪。另外，蛋白质的摄入不可或缺，它可以促进多巴胺的分泌，这是天然的抗压激素。

爱自己，不是一味地满足口腹之欲，而是在好习惯中获得身心的舒畅与自由。好好吃饭吧，认真对待一日三餐，这是对自己最基本、也是最重要的善待方式。

05 / 睡一个好觉，才有精力去跟生活周旋

十一国庆节，朋友阿芸来看望我。

这次见到阿芸，我明显感觉她比去年胖了至少十几斤，可整个人的精神状态却很差。阿芸告诉我，这一年来，由于工作不太顺利，她一直很焦虑，几乎夜夜失眠，有时真的是睁着眼睛等天亮，到了凌晨两三点才能勉强睡着，但也只是浅度睡眠。

晚上睡不着，白天没精神，还要应对繁重的工作，只能选择用重口味的食物来刺激自己的味蕾，希望能打起精神来。于是，麻辣香锅、辣火锅、奶油蛋糕就成了"能量补充剂"，离开了它们，就感觉生活一点儿乐趣都没有了。

于是，阿芸的日子就变成了这样一种模式：睡得越来越晚，吃得越来越多，口味越来越重。偶尔，工作不那么紧张，可以早点儿躺到床上时，阿芸又会抱着手机和iPad上网、看电影，以为这种方式就是放松和休息，不曾想刷完了网页、看完了电影，时间又滑到了凌晨，而她也觉得更累了，脑子懵懵的。

其实，像阿芸这样的人不在少数。基于云端大数据发布的《2016中国人睡眠白皮书》显示，中国人的平均睡眠时长是7个小时，失眠人群达22.5%，其中有2.3%的人存在严重的睡眠问题。睡眠不足的人，熬的是夜，透支的却是人生下半场的生命力。即便只是少量的睡眠缺失，也会影响到力量、心血管能力、情绪和整体精力水平。有大约50项研究表明，人的专注力、记忆力、逻辑分析能力和反应时间，都会随着睡眠不足而衰退。

阿芸告诉我，她今年下半年把工作推掉了很多，希望能好好调理一下自己的身体以及生活状态。眼下，她最迫切想解决的问题就是，如何才能拥有优质的睡眠？我相信，这也是很多人渴望了解的内容，在此提供一些简单的行动指南：

· 判断自己的最佳睡眠时长

每天几点睡觉，睡几个小时合适？这个问题的答案不是绝对的，因为个体存在差异性，需要根据自身的情况来定。有些睡眠质量较好的人，每天睡6个小时就够了；有些存在不同失眠现象的人，则需要适当延长睡眠时间。不过，延长睡眠时间并非弥补睡眠质量的最佳办法，还是应当通过调理和治疗，去提升睡眠质量。

怎么知道自己睡几个小时合适呢？最简单的办法就是，连续一周保持同一睡眠时间，如每天睡7个小时或8个小时，观察自身的情况。我的最佳睡眠时长是8个小时，如果早上6点钟起床，我在晚上10点钟就要睡觉；如果是7点钟起床，我最迟可以到晚上11点睡。这已经是极限了，再迟就不行了，熬夜会让我第二天精力不足，哪怕早上多补2个小时，也无济于事。

·睡前1小时远离电子设备

对现代人来说，想要保证优质的睡眠，最重要也最难做到的一条，就是睡前1小时远离电子产品。因为手机、iPad或其他电子屏幕发出的蓝光，会抑制体内褪黑素的分泌。褪黑素的作用是调节昼夜循环，让人晚上感到困，早上准时醒来。睡前在蓝光下暴露太久，则让人感觉不到困意，直到身体透支到再无法支撑任何消耗，才进入睡眠状态。第二天，无论早起还是晚起，都很难消除疲惫感。

这是一个习惯的问题，有人建议在白天找出一段空闲时间，远离电子设备，做一些让自己心情舒畅的事，可以有效地控制这种行为。说白了，就是适应手机离身、不时刻刷手机的状态，该处理的事情集中处理，等习惯了这样做以后，就能够做到在睡前彻底放下手机了。

在睡前的1小时里，可以做点儿什么来代替刷手机，并有益于睡眠呢？我的个人心得是，可以洗个热水澡，或泡泡脚，看一会儿非小说类的书籍。然后，躺在床上，熄了灯，思考一下明天要做的"最重要的三件事"，提前有一个清单计划。做完这些事，内心往往是平静的，也就可以正式开启睡眠模式了。

·利用小憩的方式来补充精力

每一个职场人的世界，都不可避免地充斥着加班的任务。所以，总会有几次身不由己的睡眠不足或不规律。科学家通过实验研究发现，一周之内晚睡的极限是2次，在这样的情况下做适当的补救，精力还是可以恢复的。

如果前一天晚上睡得迟了，第二天一定要留出小憩的时间，这非常重要。日本的睡眠研究员发现，每天下午的3~4点是一个人精力最低的极限点，也是人们最困的时候。所以，我们不妨在下午1~3点小憩一会儿，帮助自己快速地恢复体力和精力。小憩的时间最好控制在20~30分钟，最长不超过40分钟，否则的话就会进入熟睡期和深睡期，很难被叫醒。若是硬着头皮起来，也会感觉晕晕乎乎，像没睡一样。

精力锦囊

有大约50项研究表明，人的专注力、记忆力、逻辑分析能力和反应时间，都会随着睡眠不足而衰退。

·吃好晚餐也有助于睡眠

我现在养成了一个习惯，带着一点点饥饿感入睡，这种状态是特别舒服的。吃得过饱，会感觉身体沉重，翻来覆去睡不着。所以，躲不开的聚会大餐，我都尽量安排在中午，这样还能有充足的时间来消化食物。

晚餐的饮食尽量清淡，少油腻，六七分饱即可。避免吃刺激性的食物，如辣的、酸的，这些食物可能会导致胃灼热，加重焦虑感。如果晚餐吃得不多，睡前一个半小时可以喝杯温热的牛奶，也有助于睡眠。

总而言之，想获得优质的睡眠，不是通过某一方面的改善就能实现的，需要多管齐下，养成良好的、规律的习惯。可能开始时不太容易，但坚持过后你会发现，一切都是值得的。

06 / 上完班很累还去运动吗？不去会更累

经历了一天的摸爬滚打以及神经的紧绷状态，总算熬到了下班点儿。起身的那一刻，腰酸、背痛、脑袋胀，不是一个累字能形容的。这时，微信里收到一条消息，是你办卡的那家健身房的教练，对方热情提醒你："××哥（姐），好久没来锻炼了，今天下班有空来健身吧！要坚持呀！"瞬间，纠结的思绪占满了大脑：我也知道，坚持锻炼对身心有益呢！可这一天天的，上班就够累了，哪儿还有精力去健身啊！

这是一个特别现实的问题，也是困扰着许多职场人的难题：内心有去运动的意愿，却迈不动沉重的脚步，只能感叹"心有余力不足"。上班累是不可否认的事实，可对于这个问题还是要郑重其事地提醒大家一句：上班累也得去运动，因为不去会更累！

为什么这样说呢？所谓累，其实就是疲劳。这是一个很复杂的身体机制，由各种因素导致，目前学界将其分为两类——体力疲劳和精神疲劳。

体力疲劳，是肌肉和躯体经过运动，出现了缺乏能量、代谢废物聚集和一些内分泌变化的情况。运动健身产生的疲劳，大都属于这一类。通过饮食和休息，就可以恢复。

精神疲劳，是人体机体的工作强度不大，但因为神经系统紧张，或长时间从事单调、厌烦的工作而引起的主观疲劳。比如，长时间地写文案、画设计图等，都会导致脑力疲劳，就连长时间打游戏也会引发精神疲劳。

上了一天班，我们感觉累，实际上就属于后者，即精神疲劳。大量的研究和实验证明，适当的体育运动不仅有助于身体健康，还能够让日常工作导致的精神疲劳得到缓解。在同样的条件下，运动的方式比听音乐等方式，缓解精神疲劳的效果更胜一筹。

那么，选择什么样的运动比较合适呢？在没有大块时间的条件下，如何坚持运动？我想，这应该是很多人都关心的问题，尤其是后一条，更是亟待解决的难题。

· **选择适合自己的运动强度**

我们都知道，心肺功能好的人群患慢性疾病的概率明显低于心肺功能差的人群。正因为此，不少人都关注心肺功能的训练，且首先想到的运动项目就是跑步。实际上，如果平日里没有运动基础，高强度的训练并不是心肺锻炼的最佳选择，况且这种突然性的高强度训练，还可能引起心脏问题。要想借助运动提升身体的免疫力，需要在适合自己的强度下运动。

什么是合适的强度呢？这里有一个舒适区的概念：首先是保证运动安全，不会对躯体造成伤害；其次是享受运动过程，从中感受到快乐，能持续下去。通常来说，在整个运动的过程中，95%都处于舒适区，另外5%在舒适区的基础上稍微提高一点强度，就是合适的。

精力锦囊

　　如果工作时间很长，或者工作安排不规律，很难抽出充足的大块时间去锻炼，那么你可以了解一下间歇性训练，这是一种性价比很高的运动方式。

·跑步不适用于体重基数大的人

跑步是最简单易行的运动项目，但如果体重基数过大，本身肌肉不足，真的不建议跑步。相比而言，健走或者在跑步机上带坡度走，更为安全有效。当体脂率不在肥胖区间后，可以考虑慢跑，这也是让心肺功能循序渐进提高的过程。

走路也是讲究章法的，一定要让身体更多的肌肉群参与到走路的动作中，增加身体的整体消耗，所以大幅摆臂是必要的。另外，走路时要保持肚脐向前，这样能够稳定骨盆周围肌肉，避免造成膝关节损伤；腹部要保持收紧状态，增加腹部锻炼效果。走路的步幅要大一点，这样对美化腹部和臀部的线条有帮助。最后一点，走路期间要保持水分的摄入，最好每10分钟就补充一次水。

·低强度运动开启脂肪功能模式

有人跑3~5公里就气喘吁吁，有人能顺利地跑完一场马拉松，两者差在哪儿了呢？多数人觉得是体能的问题，实际上这是部分因素，还有一个至关重要的因素就是，两者动用的能量来源不一样。

我们体内有三种提供能量的物质：糖分、蛋白质和脂肪。通常，蛋白质的使用很少，可以忽略不计，主要是糖分和脂肪供能。我们体内的糖分含量是400g左右，能支撑跑20千米左右的能量消耗；而我们身体里有大量的脂肪，一个体重60kg的人，如果体脂率是20%，他身体内的脂肪含量就是12kg，这些脂肪提供的能量可以支撑跑1500千米左右的能量消耗。

所以，依靠糖分提供能量的人是跑不远的，且耐力较差。我们要学会更多地利用脂肪来提供能量，这样不仅可以提升耐力，还能保持好身材。具体该怎么训练呢？

问题还要回到运动强度上来：只有进行低强度的运动时，人体以脂肪消耗为主；而高强度的运动，依靠的是身体里的糖分提供能量。平时，我们可选择的低强度运动有慢跑、健身操、骑行、游泳等。

·间歇性训练不必占用大块时间

如果工作时间很长，或者工作安排不规律，很难抽出充足的大块时间去锻炼，那么你可以了解一下间歇性训练，这是一种性价比很高的运动方式。

间歇性训练方法的提出者，是20世纪50年代德国的心脏学家赖因德尔和教员倍施勒，其核心理论就是，在训练中加入休息时间，让身体可以完成高强度的工作。间歇性训练还有一个好处，就是增强抗压能力，对压力不会那么敏感，遇到挑战时可以保持从容的态度。因为在平日的训练中，已经把身体训练到时刻备战的状态了。

间歇性训练有很多种，如短跑、爬楼梯、动感单车等，有一些运动软件里也提供了大量的间歇性训练的视频，都可以作为选择和参考。每次只要花费20分钟，就可以达到训练的效果，不会耗费太多的时间。

当你感觉工作辛苦，依靠睡觉却得不到缓解时，给自己的身心来一场"积极性恢复"吧！走出家门，迈开脚步，快走5千米；跳进恒温的泳池，畅快地游1500米……这样的积极性恢复，比静坐和躺着，能更快地帮你赶走疲劳！

Part 2

平衡压力

——元气满满地应对人生

01 / 压力是一种自然而必要的痛苦

压力与我们的生活息息相关，几乎每个人都有过"压力很大"的体验，那么这个经常被我们挂在嘴边、体验在心间的压力，究竟是什么呢？它是怎么产生的？除了"面目可憎"以外，还有没有其他的价值和意义？

其实，压力一词主要用于物理学，后来被加拿大学者汉斯·塞尔耶（Hans Selye）用于医学领域，他告诉我们，身体对心理压力的反应，与身体对传染或伤害的反应，有众多的相似之处。他在其著作《生活中的压力》中使用了"一般适应征"的提法，指出无论是哪一种威胁，身体都会以"一般适应综合征"的方式，调动身体的防御来抵挡威胁。

对于指定的个体而言，每个人都或强或弱有一般适应综合征，有不同的适应能力。通常来说，一般适应综合征分为三个阶段：

· 报警阶段

第一阶段属于刺激阶段，当我们感受到了压力刺激，也就是那些促使我们必须要做出反应的事件时，身体就受到了真正意义上的冲击。此时，机体会努力适应破坏机体平衡的新状况，这种痛苦的状态会持续数分钟乃至24小时。紧接着，机体会恢复，并调动体内的主动防御机制。这种由体内自主神经反应与内分泌系统反应引起的短期紧急反应，也被称为交感神经反应。这种反应和控制生命活动的神经中枢下丘脑有直接关系，下丘脑通过交感神经系统刺激肾上腺髓质，促使肾上腺素和去甲肾上腺素的分泌，继而提高动脉血压，加快心率和呼吸频率，增加血糖含量。通过分解糖原与脂肪来聚集能量，为肌肉提供充足的能量。

· 抵抗阶段

这是一个反刺激阶段，指的是压力引起的长期存在的反应。在这一阶段，机体会进行自我调控，促使身体资源重新恢复平衡状态。机体在报警阶段已经耗损了大量的能量，这个阶段就是要补充失去的能量。此时，下丘脑、脑垂体和肾上腺轴重新被调动，分泌促肾上腺皮质激素释放激素，然后垂体前叶分泌促肾上腺皮质激素。血液中含有的促肾上腺皮质激素，可以调节肾上腺皮质分泌盐皮质类固醇，以及糖皮质激素，它们会提高血糖含量。大量的糖皮质激素会对免疫系统产生抑制作用，减少身体在面对组织损害时的反应。

简单来说，在这个阶段，身体能量被充分调动，对压力的抵抗处于高水平，但这种抵抗是以消耗能量为代价的。如果遭遇新的压力，身体的应对能力就会被削弱。倘若压力持续，个体的能量最终会被耗尽，从而导致一般适应综合征第三阶段的到来。

· **衰竭阶段**

如果压力长时间存在，适应环境的需求持续，总会有某个时刻，机体无法继续供给所需的能量，也无法补充消耗的能量，免疫功能的减弱导致机体对新的外界刺激变得更加敏感，进而感到疲乏，从而引发生理和心理上的一系列不良后果，肿瘤和退行性病变也可能随之而来。当机体一直被迫超运转，达到生理极限，就会衰竭。换而言之，机体的适应资本是有限的，每个应激反应都会消耗个体的适应资本。

看完上述的一般适应综合征的三个阶段，不知道你是否对压力有了全新的认识？

坦白说，没有人喜欢压力，可压力又是不可或缺的。我们在生活中不可能避免这种紧张状态，因为紧张是身体对外界强加给自身的刺激的应激反应。一定程度的紧张，对于生存是有帮助的。有个关于沙丁鱼的例子，或许可以很好地解释这一点：

人们在海上捕到了沙丁鱼后，如果能让它们活着抵达港口，价格会比死的沙丁鱼价格高出好几倍。然而，路途遥远，环境不佳，沙丁鱼往往在运送的途中就会死掉，能把它们活着运回来的人少之又少。不过，有一艘渔船几乎每次都能成功地带回活着的沙丁鱼，船长自

然也赚了不少钱。人们询问过
船长，到底有什么秘诀？可他
总是避而不答，一直严守着秘
密。直到船长死后，人们意外

精力锦囊

　　压力不总是坏的，一定程度的压力是自
然且必要的，只是超过了一定的界限，就会
变得危险或致命。

地在发现，他在鱼舱里放了一条鲶鱼。

　　鲶鱼来到了一个不熟悉的环境中，会四处游动。面对这样一个
异己，沙丁鱼会感到不安，在危机感的支配下，它们会紧张地不停游
动。在危机和运动的双重影响下，沙丁鱼最大限度地调动了生命的潜
能，因此能够活着回到港口。

　　所以说，压力不总是坏的，一定程度的压力是自然且必要的，只
是超过了一定的界限（因人而异，没有固定标准），就会变得危险或
致命。毕竟，我们无法逃离现实生活，为了应对刺激，身体会反复过
量地分泌激素，导致机体过度耗损，从而产生各种身心疾病。

02 / 为什么我不敢让自己"放松"

突发的压力对人的身心伤害是巨大的，但在现实中发生的概率和频次并不是特别高，相反更容易被人忽视，并且可怕的是慢性压力，以及压力上瘾。

G是我认识多年的朋友，一位平日里很阳光的男士，有点乐天派的味道。

他曾在一家杂志社做采编，业务和文笔都很出色，也深得领导器重。但是几年前，他突然离职转行去了某职业院校从事行政工作了。说起自己"转行"的抉择，他的解释很简单，可那些话却让人觉得意味深长，至今还萦绕在我心间："有一天夜里，我加班写稿子，写着写着突然想从楼上跳下去……我知道，不能再这么下去了。"

听G说完那些话，我并没有感到特别震惊，因为大部分的职场人都在背负着压力过活，当压力像慢性病一样潜伏在身体里，身体所需的非紧急功能日渐耗损，最终的结果就是崩溃。我自己也不例外，在成为自由职业者之前的那一年，我的身心状态也已经到了极限。

那时的我，在一家文化公司做策划。公司为了发展，开始接触更多的合作方，而我每周要处理2~3个策划案，还要负责编审其他稿件，工作性质严重烧脑。起初的两三个月，还勉强可以接受，但半年之后，一系列的"症状"就冒了出来。

我坐在工位前，经常会心跳加速，甚至有喘不上气的感觉；我的消化系统也变得脆弱了，吃的东西不太能消化掉，三四天都无法正常排便。更糟糕的是睡眠，晚上通常要到12点~1点才上床，但真正入睡可能要到2~3点，睡不了一会儿天就亮了，还要爬起来应对第二天的工作……那一年里，我的体重比过去增加了15斤，但明显感觉是虚胖和水肿，因为身体的免疫系统受到了削弱，感冒成了家常便饭。

也许是因为年轻，也许是因为懂得太少，我只是知道自己难受，却不知道怎么去缓解这份难受？原本喜欢的工作，成了赤裸裸的折磨，思路变得越来越不清晰，效率也开始下降。我的情绪波动特别大，要么懒得说话、闷头不语，要么点火就着、易爆易怒。

你可能会说：都这么累了，为什么不休息？是啊，这恰恰是问题所在。明明已经支撑不住了，还要咬着牙硬扛，而且到了周末，竟然也不敢停止工作，甚至心里还会对"放松"这种行为产生罪恶感。偶尔也会冒出来"辞职"的念头，可一想到老板对自己的器重，又觉得不能这样做（现在想来，大抵是因为很享受"被需要"的感觉，以此体现自身的价值）。

······

如果你也有过类似的经历，或者此刻正陷入这种困境中，那么我想真诚地提醒你：被埋没于重重任务之中不能自拔，是典型的压力成瘾。压力成瘾后，带给我们的是低下的效率、无节制的生活习惯、烦闷的心情，以及越来越糟的身体状况。

怎样来处理压力成瘾呢？最好的办法就是及时刹车，补充精力。

饱受慢性压力摧残的我，终于在一个失眠的夜里，在心率过速、呼吸急促的状况下，颤抖着手，给老板发了一封辞职信。我强烈地感受到，这种状态无法从短暂的休假中获得解脱，我需要的是彻底放空，并为自己充电。几年来高强度的脑力输出，已经榨干了我所有的想法和激情，我无力再去支撑那份需要创意的工作。

之后，我休息了半年左右，利用这段时间做了三件重要的事：第一，调理身体和生活作息；第二，读书、看电影、做笔记，为头脑充电；第三，重新规划自己的职业生涯。半年后，我没有再去找工作，而是选择了做一名自由职业者，承接自己擅长的项目和内容，自主安排工作计划与进度，避免因过量的工作或过强的挑战，让精力消耗殆尽。

精力锦囊

被埋没于重重任务之中不能自拔，是典型的压力成瘾。压力成瘾后，带给我们的是低下的效率、无节制的生活习惯、烦闷的心情，以及越来越糟的身体状况。

现在回想起那段经历，依旧不寒而栗。如果可以，我真希望自己早一点认识到：每个人的精力都是有限的，压力越大，精力消耗得越快。当感到不堪重负的时候，要为自己寻找另外的能量来源，而不是坐等身心被掏空。

03 / 错误的减压方式，可能是另一个深渊

正准备考研的姑娘W，因为课业压力重，故而给自己买了一本黑白画集的涂色书。她也是在网上看到有人推荐，说这种涂色书可以放空大脑、缓解压力，甚至重新找回童年的乐趣。于是，W就入手了一本。

收到货后，W真是很喜欢。那天晚上复习完功课，她就开始专注地涂色，一直涂到凌晨一点多才上床睡觉。可是，第二天早晨，W却感觉头晕眼花，还伴有恶心，走路竟然也歪歪斜斜的，躺了一上午也没能缓解。

内心不安的W，在家人的陪同下去了医院。检查了一大圈，最后跑到了耳鼻喉科，医生仔细询问了病情后，说了一个医学名词：耳石移位！医生解释说，这种情况是由于头部迅速运动至某一特定头位时出现的短暂阵发性发作的眩晕和眼震，常见的诱因主要有两种：一是头部外伤；二是长时间低头导致耳部缺血，引发了内耳循环障碍。

其实，涂色书在一定程度上的确有放松减压的作用，但效果因人

而异，这与性格、爱好、使用方式有关，不一定适合所有人。特别是长时间的低头，并不是一件好事，很可能减压不成，反倒让身体出了问题。另外，在涂画上投入太多时间，对心理健康也可能造成反效果。

透过这件事，也是希望传达一个理念：能够觉察到压力，并且主动去寻找解压方法，避免放任其愈演愈烈，是对自己负责任的表现。但是，平衡压力需要讲究方式方法，如果用了错误的方式去缓解，也许会掉进另一个深渊。

· 错误方式1：令人放纵或成瘾的事物

有一点我们要知道，任何能够引起快感的事物，都能够暂时地缓解压力，比如酒精、香烟、毒品、性。但是，这些东西会让人放纵或成瘾，也许在享受这些事物的当下，压力暂时消失了，可根本的问题并未解决，"清醒"过后一切还都是原样。

· 错误方式2：利用暴饮暴食来减压

大脑在处理压力和焦虑时的耗能特别大，这种脑力消耗会让人食欲大增。所以，在深感压力的时候，人往往都喜欢吃高热量、高糖分的食物，这些食物进入人体后，会刺激大脑分泌多巴胺，这是一种令人愉悦和亢奋的神经递质，可以有效地缓解压力。

如果压力和焦虑一直持续，我们就会对高油、高糖类的食物产生依赖，原来可能吃一块奶油蛋糕就能"解决"的烦恼，慢慢可能要增加到两块才能实现。可吃了这些东西，真能彻底解决问题吗？当然不能！多数人都会在暴食后感到懊悔和自责，吃的那一刻生理上得到满足，可压力丝毫未减少，甚至还得背负暴食引发疾病、暴食导致肥胖的心理负担，得不偿失。

·错误方式3：拖延面对情绪压力的时间

讲述一段我的亲身体验：接到了一个很有挑战的选题时，我的内心会瞬间萌生出紧张和压力，因为不确定自己是否能够顺利地完成。然后，我会想着找寻相关的课题多学习了解一下，这个过程大概持续了两三天；接着，我可能又会想到，刚结束了一个项目，要不要让自己暂时休息一天？然后，我可能去外面的书店、咖啡馆游荡了一天。这样一来，就到了周末，我又有了名正言顺的休息理由……可是，你知道吗？在做这些事情的时候，我内心很煎熬，甚至很烦躁，一点儿都不开心，也没有沉浸在当下。因为，我惦记着那个选题，我的烦躁不安也来自不确定自己能否应对这个挑战？更重要的是，几天的时间过去了，我什么也没有做。

我知道发生了什么，所以我会郑重地提醒自己：不要再拖延了，没用的，该面对的还是要面对！当我停止了胡思乱想，把心思全情投入到选题的策划中时，焦虑感大幅下降，而我也开始无比珍惜时间，不再做任何无谓的拖延。

分享自己的这段体验，其实就是想表达一个事实：拖延可以暂时逃避不想面对的事物，但问题从未消失，越往后拖压力越大，无力感越强。所以，该做什么赶紧去做，拖着是最糟糕的选择，除了浪费时间、怨恨自己，再无其他。

精力锦囊

　　任何能够引起快感的事物，都能够暂时地缓解压力，但是它们会让人放纵或成瘾，也许在享受这些事物的当下，压力暂时消失了，可根本的问题并未解决。

·错误方式4：用长期的健康换取短期的休息

你有没有过这样的想法：等我忙完了这个月、这半年、这一年，我就让自己彻底休个假？然后，继续投入到高压的状态中，用那个奖励式的假期望梅止渴，让自己咬牙熬下去！

讲真，这并不是一个明智的选择。如果隔一周就休息一下，并觉得身心愉悦，那就说明精力得到了很好的恢复。如果隔一两个月才休息一下，这短暂的休息无法缓解多日积累的压力，且痛苦的是休假后要重返工作岗位，重回高压状态，这会让人吃不消。况且，这种方式是用长期的健康换取短期的休息，属于严重的透支。

如果你曾想过借助上述的这些错误的方式来减压，那么是时候叫停了！这些方法只能暂时缓解压力，却无法给你带来真正的放松和自由。

04 / 正确地缓解压力，需要做好两件事

既然错误的减压方法帮不了我们，那正确的打开方式是什么呢？

·**第一件事：找到你的压力源**

几乎所有的压力，都是对自尊和自我的一种威胁。换而言之，它存在于我们的脑海，而我们对压力事件的评估也是主观的。2012年，国外心理研究机构定义了心理压力的四种主要成分，也就是压力源，即：挫败、矛盾、变化、压迫感。

·**挫败**——就是阻碍我们实现自我需求和目标的事件，包括外部和内部两种。外部的挫败源，如意外事故、事业发展不顺、丧失、伤害性的人际关系等；内部的挫败源，包括身体障碍、缺少自信、基本技能不足，以及其他自己设置的阻碍目标实现的障碍。

·**矛盾**——就是个体在有目的的行为活动中，存在两个或两个以上相反或相互排斥的动机时所产生的矛盾心理状态。从冲突的形式上来说，矛盾可以分为四类：

1.双趋冲突：鱼和熊掌不可兼得

两件事物都有吸引力，都想要，但又不可兼得，很难做出抉择。最常见的情况就是，两份不错的工作摆在眼前，舍弃哪个都觉得可惜；两个心仪的对象只能选择其一，内心很纠结。

2.双避冲突：两难中必须选一个

两件事情都不喜欢，两种结果都不想要，但迫于无奈必须选择其中一个。这种矛盾是最令人不悦的，也是压力最大的。比如，在失业和不喜欢的工作之间，选择其中一个；患了某种疾病，既不愿意长期服药，也不想动手术。

3.趋避冲突：每一个选择都有利弊

两个目标只能选择一个，但每一个目标都有利弊，有利的方面吸引着你，有弊的方面令你排斥，怎么选都要有所妥协。比如，一份待遇很高、颇具挑战性的工作摆在眼前，你希望能借助这个机会获得更大的进步与提升，但这份工作需要长期出差，而舟车劳顿、在外吃住是你最不喜欢的生活方式。

4.双重趋避冲突：左右为难不好取舍

这是双避冲突与双趋冲突的复合形式，也可能是两种趋避冲突的复合形式。简单来说，就是对个体而言，两个目标或情境，同时有利又有弊，当事人会感到左右为难。比如，在挑选工作时，一份工作待遇高、社会地位也高，可惜离家特别远；另一份工作待遇普通、社会地位不高，但每天可以步行上下班，面对这样的情况，很难做出抉择。

无论是哪一种冲突模式，最重要的是自己对生活方式的选择，是想过自己喜欢的生活，还是按照别人的期望生活？想通了这一点，再做抉择或许就会容易一些。

·变化——当生活、工作、人际关系出现了变动，需要我们重新调整适应环境时，压力就会产生，哪怕这些变化是积极的、正向的。比如，刚刚换了新工作，又乔迁了新居，还要准备结婚，其中的任何一个变化都会带来压力，叠加在一起压力就会更强烈。

·压迫感——就是渴望按照某种方式生活，且期望很高，不断给自己施加压力，甚至对自己提出极其苛刻的要求。然

精力锦囊

受到威胁的只是我们的想法，我们的自尊，而不是我们的人生，但大脑分不清楚它们有什么区别。

而，对于自己当下所做的、拥有的东西，却没有认真感受，也不曾感到满足。如果你陷入了这样的情境中，就要思考一下：你脑子里的那些想法，是否切合实际？你是否让自己超负荷了？步步紧逼自己到底是为了什么？

·第二件事：了解你的压力诱因

找到压力源是缓解压力最直接的办法，但是想要真正地平衡压力，避免让自己滑到崩溃边缘，还要了解自己的压力诱因，即什么容易让你产生压力？你可以试着从以下几个问题入手，对自己的压力诱

因做一个判断：

（1）什么会让你产生压力？在什么样的场合？

（2）当你陷入压力状态时，你是在阻止什么情况发生？

（3）你是用什么方式来应对压力的？

（4）当有压力时，你体验到的情绪是什么？你脑子里有哪些想法？

（5）你把压力藏在了身体的哪个部位？

（6）你处于压力的状态会持续多久？

过去很长一段时间，拒绝他人的请求会让我产生压力，特别是在项目合作方面。当甲方负责人在项目结束后，额外提出某些请求时，我会即刻体验到愤怒、烦恼的情绪，但我又不知道用什么样的方式来回绝。这种压力好像卡在了我的喉咙里，所以那些年我也经常会着急上火、喉咙痛，就像是有话说不出的压抑。当时的我，处理压力的方式就是硬着头皮死扛，靠高热量的食物"续命"，直至项目处理完，整个过程无比艰难。

庆幸的是，我后来意识到了这一点，并学会从一开始就避免让自己陷入压力旋涡。比如，在启动项目之初，做好充分的准备；提醒甲方，有需要补充的内容和请求，尽量在项目未截止前提出；当项目完成后，设定修订与调整的次数限制。如果对方的请求让自己感到为难，不必逞强，表达自己的难处以及客观条件的限制。

每个人的成长经历不同，所处的境遇不同，所以压力诱因也不一样。于我而言，可能是因为不好意思拒绝别人而陷入压力状态中，我在潜意识里害怕这种做法会伤害到对方；于他人而言，可能是因为害怕犯错而陷入压力状态中，因为他的潜意识里残留着成长过程中的一些不愉快经历，让他认为犯错是一件很尴尬、很可耻的事。

说来说去，受到威胁的是我们的想法，我们的自尊，而不是我们的人生。只是，大脑分不清楚它们有什么区别。只有了解了自己的压力诱因，知道什么东西会让自己产生压力，才有可能、也更容易找到解决问题之道。

05 / 学会安抚自己：释放压力的3个练习

当我们意识到自己陷入了压力状态中时，该怎么做才能叫停压力、安抚自己？

·解压练习1：停下手边的事，进行自我问答

1.停下手中的事

当你感觉心神不安，内心被压力填满时，先把手边的事情停下来。短暂的停歇，不会造成太大的影响，带着压力勉强硬撑，才是费神费时又费力。

2.直面压力状态

停下来之后，你要直面压力了。所谓直面，就是不抗拒这种状态，承认自己正处于压力中。如果你不承认它，甚至讨厌自己的这种状态，认为它不应该出现，不仅于事无补，还会造成进一步的心力耗损。

3.进行自我对话

你可以扪心自问一下："我到底在怕什么呢？"通常来说，有压力是因为我们的潜意识里存在恐惧，这种恐惧跟成长经历有关，它可能是害怕犯错、害怕不配得、害怕能力不足、害怕孤独、害怕失控、害怕不被爱、害怕失去地位等。

打个比方：你正在为了一项任务焦心，看似是任务导致了压力，但有可能背后潜藏的台词是："我害怕做不好这项任务，老板会认为我能力不行，不配得他支付的工资……或许，他还会把我辞退……"

4.理性分析想法

对于上述的恐惧情绪，你认为它合乎情理吗？比如，你负责的那项任务，是不是很有挑战性？或者难度很大？如果没有做好，一定会被辞退吗？公司里的其他同事，出现类似情况时，老板通常是怎么处理的？借此评判一下，你是否夸大了这件事可能带来的后果？

5.设想最糟的结果

假如，你设想的最糟糕的结果出现了，老板真的认为你能力不行，把你辞退了，你的人生会不会从此变得一塌糊涂？你这辈子是不是再无法找到一份新的工作？

6.思考解决办法

做好最坏的打算后，你不妨思考一下：可以做什么来解决这个问题，并且能够彻底放下？可能你会想到，寻求同事的帮助、查询更多的资料、向老板申请多一点时间……当你内心冒出这些可行性措施后，压力也会随之减轻。

·解压练习2：与身体对话，让它恢复平静

当我们感受到压力时，身
体往往会出现一系列的反应，
如心率加速、身体紧张、血压升
高、失眠、消化不良、无法放松

精力锦囊

　　如果能够把脑子里的想法写下来，并列
出问题清单，往往可以减轻一部分压力，梳
理出解决问题的办法。

等。这个时候，我们要和身体进行一场精神对话，让它慢慢平静下来。别
怀疑身体的本领，它的自主神经系统的控制能力远比我们想象中强大。

（1）用腹部进行深呼吸，吸气和呼气时要屏住几秒钟。

（2）屏气的时候，试着让身体放松。

（3）与身体进行对话，让它平静下来，并想象着它已经恢复了
平静。然后，把手放在胸口，在心里默默地对自己说："很好，你现
在可以冷静下来了。"

（4）想象着你的心跳速度正在慢慢减缓，伴随着你的呼吸，开
始逐渐恢复正常。在心里默默告诉自己："你现在什么都不用做，只
要放松，你可以做到。"

（5）你可以把自己的身体想象成孩子，用充满爱与关怀的口吻对它
说："我知道你累了，你很辛苦，休息一下吧！别怕，你现在很安全。"

（6）练习5分钟左右，感受身体的变化。

·解压练习3：写作疗愈，列出困扰你的事

当压力袭来时，我们的头脑往往会显得有些混乱，理不清思绪。

这个时候，如果能够把脑子里的想法写下来，并列出问题清单，往往可以减轻一部分压力，梳理出解决问题的办法。

（1）准备一张纸、一支笔，把脑子里冒出来的各种想法逐一写下来。

（2）看看所列的事项中，哪些是让你担忧的？哪些是需要你做的？哪些问题对你提出了挑战？哪些人是你想要与之沟通的？哪些人是你不想看见和面对的？

（3）一直写，直到没有可写的内容时再停笔。

（4）完成书写后，把清单中你认为最重要的东西标记出来，对其进行分类：第一类是你当下有条件和能力完成的事项；第二类是你目前无法完成或极具挑战性的事项。

（5）重新拿一张白纸，分成两栏，上述两类事项各占一栏。

（6）对有条件和能力完成的事项，列出可采取的行动。

（7）对暂时无法完成的事项，列出所存在的问题，并努力地解答。当你列出了几种可能性，问题的答案往往就快浮出水面了。如果自己想不出来，可以尝试求助可以信任的人。

（8）当两类事项的行动清单都列出来后，可以为之做一个时间规划，逐一去完成。

以上的几种解压方法，可以单独使用，也可以结合使用，根据自己所需而定。

06 / 保持自己的节奏，痛快地体验这场人生

在写下这些文字的时候，2020年已经接近了尾声。如果让我对过去这一年的收获和感悟做一个简单的提炼，我想用两个字来表达——节奏！

年初全面爆发的新冠疫情，让所有人猝不及防，也打乱了很多人的节奏。原本假期过后，职场人要恢复到和往常一样的忙碌中，学生要陆陆续续地返回校园，可疫情的肆虐，却让这一切都发生了改变：不能上班、不能上学、无法外出就餐、更无法参加聚会，过去习以为常的事情竟成了奢望，几乎每个人都产生了某种感觉被剥夺的体验。

面对外部环境的骤变，很多人都产生了负面情绪：不确定居家隔离何时结束，居家办公效率低下，工资大幅度下降，失业的威胁摆在眼前……这些都让人压力倍增。在这样的处境下，有些人的生活规律被打破，甚至过上了昼夜颠倒的日子，一日三餐也变得不规律，更是无心维持运动的习惯。总之，生活一下子陷入了混乱中，节奏全无。

我这个自由职业者，也不可避免地受到了影响：先是作息时间被

打乱，接着就是无法按部就班地写稿，感觉一直在焦虑，却又说不清楚究竟在焦虑什么？越是想静下心来做事，越是感到焦躁和自责。这样的日子持续了一个月左右，我的工作进度也停滞了一个月，意识到再这么下去会让我的负面情绪和压力爆棚，我赶紧采取了补救措施。

第一步，接受现实，接受陷入"废柴"状态中的自己。

第二步，花一周时间调整作息，前2天从9~10点钟起床，调整到8点半起床；中间3天调整到8点起床，后2天调整到7点半起床，逐渐恢复到和过去一样。

第三步，从每天2小时开始，逐渐增加工作时间，不求一定完成多少字数的工作量，力求坐在办公桌前可以达到静心的状态。

第四步，由于住在郊区，人流量很少，户外运动相对安全。于是，安排每天中午到楼下散步，或到郊外走3~5公里，恢复精力和体力。

十天以后，我彻底从"废柴"的状态中走了出来。这个时候，疫情导致的居家隔离尚未结束，许多单位依然没有开工，但我这个自由职业者，已经恢复到了和往常一样的工作状态中，效率也开始大幅提升。由于没有间断运动，加之饮食也比较规律，在不少人感叹疫情期间体重涨10~20斤时，我反倒瘦了十几斤，整个人的精神状态也不错。

这件事对我的触动还是很大的，当外界的大环境不可控时，要降低压力刺激，唯一能够做的就是努力保持住自己的节奏。这个节奏没有统一的标准，因人而异，重要的是让自己保持相对稳定的状态，在感到舒适的同时兼具创造力，且能够实现日益精进的目标。

疫情是一场特殊的考验，但即便没有它，我们仍然要面对其他的各种压力。

· 你刚准备启动一个全新的项目，老板却把一份离职同事未完成的案子交给了你，巨大的压力感瞬间袭来。一边是自己制订的计划安排，一边是老板着急的催促，你很想两者兼顾，可都是耗费脑力的工作，时间和精力都不允许。

· 你希望自己能成为"冻龄女人"，靠运动和饮食保持好身材；你也希望自己在事业上颇有成就，一面努力工作，一面为自己学习充电；你还希望和朋友们多聚会、聊天，拓展自己的人脉圈子；你更希望成为一个好母亲，给予孩子高质量的陪伴……单独执行其中一项，并不是太困难，可当它们叠加在一起，却变得无比艰辛。

· 你给自己设立了不少目标，每天不停地奔忙，希冀着成为一个优秀的人，一个值得信任的下属，获得周围人的肯定与认可。然而，每次实现了目标，得到了夸奖后，那份短暂的快乐也戛然而止了，为了再次获得别人的认可，又开始了新的征程。

· ……

这样的情形，还能列举出很多，无论是重大要紧的事件，还是繁杂琐碎的小事，都会萌生出压力，对我们的身心造成损耗。对此，如果不能停下来听听自己内心的声音，一味地跟随着外界的风吹草动而着急忙慌，压力永远都无法获得平衡，只会加倍地递增。

很喜欢村上春树说过的一段话："不管全世界所有人怎么说，我都认为自己的感受才是正确的。无论别人怎么看，我绝不打乱自己的节奏，喜欢的事自然可以坚持，不喜欢怎么也长久不了。"这是多么通透的活法啊！外界的人和事，很难随我们的意愿变化，想在不确定中减少精力的耗损，最可行的方式就是保持自己的节奏。

·你可以和老板沟通，说明自己手里的项目已经启动，你非常重视这件事，并想把它做好。如果中途搁置，可能会影响效率和效果。至于离职同事那个未完成的案子，可否交由其他人负责？如果实在需要自己介入，可以在处理完每日的既定工作后，给予必要的协助。

·你必须承认，我们都只是普通人，时间有限、精力有限，事事都想做得完美，只会给自己徒增压力。不必时刻苛责自己，一周的时间里，能保持2~3次的运动，周末带着孩子和朋友小聚一下，就已经不错了。事业和家庭的兼顾，往往无法在同一时间进行，只能选择阶段性地倾向某一方面：如果现阶段孩子更需要你，那就拿出50%的精力给家庭，40%的精力给事业，剩余10%的精力用来完善自我；如果现阶段家庭没太多顾虑，那就拿出60%的精力拼事业，30%的精力给家庭和生活，剩余10%的精力用来完善自我。

·你在设立目标的时候，认真思考一下：究竟是在追随他人的脚步，渴望获得他人的认可，还是在遵从自己内心的声音？你是在为别人的目光和想法而活，还是为自己希冀的人生而活？世间的万事万物都有自己的节奏，想让自己活得不那么紧张、焦躁，就要回归自己的内心，找到自己的节奏，在舒适、健康与平和中实现自我成长。

在繁杂的生活中穿梭，时刻要面对不确定性，而压力也如影随形。没有绝对正确的生活方式，在不触犯法律与道德底线的前提下，好与坏更多的都是个人的主观感受。想要痛快地体验这场人生，就要学会尊重自己的真实意愿，不让速食的

精力锦囊

不管全世界所有人怎么说，我都认为自己的感受才是正确的。无论别人怎么看，我绝不打乱自己的节奏，喜欢的事自然可以坚持，不喜欢怎么也长久不了。

——村上春树

时代与纷乱的世界扰乱自己的节奏。为了美好的将来而拼搏是一种节奏，享受简单的快乐也是一种节奏；留在大城市里负重前行是一种节奏，回归到小城市感受慢生活也是一种节奏……未来的日子，愿你找到适合自己的节奏，在不慌不忙中砥砺前行。

Part 3

管控情绪

——调动积极愉悦的情感

01 / 失控的负向情绪是一场自我消耗

情绪是一面镜子，照射出了世间悲喜交加的场景：愉悦时开怀大笑，生气时怒火中烧，悲伤时痛哭流涕，焦虑时彻夜难眠……无论哪一种情绪，都属于正常的心理反应，但凡事皆有度，一旦某种情绪持续的时间过长，就会变成一场严重的自我消耗，甚至引发身心疾病。

丹麦有一项研究，从2000年开始启动，历时11年之久，受试者为9870名成年人。结果发现，与没有相应问题的人对比：常因夫妻关系出现情绪困扰的人死亡率增加1倍；常因亲子关系焦虑的人死亡率增加0.5倍；常与家人吵架的人死亡率增加1倍；常与邻居争吵的人死亡率增加2倍。

在短期的时间内，我们可能觉察不出持续的负面情绪对身体造成的严重伤害，但我们依然会出现一些不好的体验，比如，头痛的频次增加，颈椎和后背感到疼痛；无法集中精力工作，经常感到心神不安、焦虑急躁；跟周围人沟通时动不动就发脾气，说出一些难听的话；尚未开始一天的工作，就已经感觉精力不足了。

全球著名心理学家吉姆·洛尔博士在《精力管理》一书中，对比了网球巨头麦肯罗和康纳斯在情绪管控上的差别，以及情绪对其职业生涯的影响。

麦肯罗在整个职业生涯中，情绪一向控制得不太好，无论是自己失误还是对裁判不满，都会让他愤怒和沮丧，且这种情况随

精力锦囊

无论哪一种情绪，都属于正常的心理反应，某种情绪持续的时间过长，就会变成一场严重的自我消耗，甚至引发身心疾病。

着年龄的增加变得愈发严重。康纳斯只是在早期阶段不太懂得控制情绪，可随着年龄和阅历的增长，他开始带着愉悦和激情去享受每一场比赛。

麦肯罗和康纳斯都是出色的网球运动员，也都曾连续几年排名世界第一，从能力层面来说几乎不相上下。但是，从整个职业生涯的时间轴上来看，麦肯罗在34岁就退役了，而康纳斯在39岁依然打进了美国公开赛的半决赛，并在40岁时才退役。

对于负向情绪的影响，麦肯罗自己也意识到了，他说："如果我不陷入那样的情绪，表现会更好。但是我却不能信任自己的才能，或者任何事物。"他承认，放任愤怒的情绪是导致"人生最大损失和最痛苦的失败"的关键因素，即在1984年法国公开赛的决赛中，他对阵伦德尔，开盘连胜两局，却输掉了比赛。因为他在法国人身上浪费了太多的精力，一直处在满腔愤怒当中。

在看到这些事实的时候，我们不能只充当一个旁观者，而是要引起重视和警觉，并认真地思考：我是不是一个习惯了让负面情绪蔓延的人？这些负面情绪给我的人生带来了怎样的影响？想象一下，如果可以控制好情绪，我的生活会有怎样的变化和不同？

02 / 你怎样处理情绪，决定你怎样过一生

　　尽管我们前面说到，沉浸于负向情绪是一场自我消耗，但这并不意味着，负向情绪一无是处，管控情绪就是要彻底消灭或压抑情绪。这是片面的认知，因为每一种情绪都有其存在的价值和意义：痛苦能让我们回归到此时此地的现实中；内疚能让我们重新审视自己的行为目的；焦虑可以引起我们的注意，多为将来做准备；恐惧可以动员全身心，让我们保持高度的清醒来应对险情⋯⋯这些痛感，从某种意义上说，也是一种动力。

　　情绪本身没有好坏之分，只是人们对于环境的反应。如果你在内心深处认为情绪本身是坏的，是不可接近的，或是对它提前预设了立场，那你必须要纠正这个错误观念了。事实上，情绪是一种中性的力量，每个人都会有倾向不同情绪的反应，这很正常。当负面情绪开始影响正常的工作和生活时，人为的选择才是决定"好坏"的分水岭。

　　换句话说，面对同样糟糕的境遇，有的人可以很好地对负面情绪

进行管控，有的人却只会游走
在放任与压抑之间。这也是菲
斯汀法则给我们的启示："生
活10%由发生在你身上的事情
组成，另外的90%则由你对所发生之事的反应决定。"

精力锦囊

　　一个人情绪成熟通常要符合四条标准：保持身体健康，有行动控制能力，消除紧张的情绪，对社会有洞察力。

　　现代人一边经受着职场的重压，一边承担着生活的艰辛，职业瓶颈、人际关系、房贷、车贷、教育经费像是一块块石头，沉重地压在心口。可是，有多少人会把这些感受用妥帖的方式表达出来呢？更多的人选择了沉默，所以才有人说："现代人的崩溃是一种默不作声的崩溃，看起来一切都很正常，会说笑、会打闹、会社交，表面平静，实际上心里的糟心事已经积累到一定程度了。"

　　情绪的流露变成了最昂贵的奢侈品，似乎隐忍才是成熟的标配。直到某一刻，实在忍不下去了，又以另一种极端的方式爆发。其实，无论是压抑还是爆发，最终买单的人都是自己。认真回顾一下：有多少次的隐忍压抑，以口腔溃疡、喉咙疼痛的方式变相折磨过你？有多少次乱发脾气，让你和亲近的人相互嘶吼、形同陌路？有多少的焦虑和烦躁，让你什么都没有做，却已感觉精疲力竭？

　　负面情绪不会毁了我们，真正伤害我们的是没能及时地调控情绪。面对繁杂的生活和随时冒出来的烦恼，没有人会无动于衷，生气也好、郁闷也罢，不要把它们埋在心里独自吞噬，也不要用最糟糕的方式去伤人伤己。所谓管控情绪，其本质与核心就是，以恰当的方式释放负面情绪。

心理学家赫洛克认为，一个人情绪成熟通常要符合四条标准：

第1条：保持身体健康。对于因失眠、头痛、消化不良等疾病引起的情绪不稳定，有很好的控制能力，能管理好身体，正确对待疾病。

第2条：有行动控制能力。能考虑到行动的后果与社会的限制，不是想干什么就干什么。

第3条：消除紧张的情绪。不盲目压抑情绪，变不利为有利，让其朝着无害的方向转化。

第4条：对社会有洞察力。通过自己的分析思考，对各种社会现象做出较为正确的判断。

赫洛克还提出，一个人的情绪成熟与否，也可以通过以下五个方面来做出判断：正常的情绪状态、对他人情绪的态度、对爱情的接受能力、较高的欣赏能力和表示敌意的能力、对自己情绪的态度。结合这些标准与事项，扪心自问一下：你是否能够正确有效地处理好自己的情绪？你的情绪是否成熟？

如果基本符合，那么恭喜你，没有让情绪成为高效工作、快乐生活的拦路虎；如果有所欠缺，也不要着急，意识到了就是改变的开始。管控情绪不是一天两天就可以完成的事，要经过一些事情的磨砺和淬炼，也要有自我更新和成长的意识与欲求。或许会有一点艰难，却是相当值得的选择。你用什么样的态度面对自己的情绪，直接决定了你会成为怎样的人，过怎样的生活。

03 / 找到自己的满足时刻，获取正向情绪

当某一种负向情绪占据了主导地位时，我们或许可以在表面上做到强颜欢笑，但效率低下这一事实却是无法掩藏的。这大概也是成年人最为苦恼的地方吧！毕竟，时间一分一秒也不会停留，生活的车轮止不住地往前走，没有谁会停留在原地等着我们收拾好心情，再去完成那些该做的事情，再去扛起应尽的责任。

面对这样的处境，我们迫切需要的就是及时为自己补充情感精力，恢复处理问题的效率。这里涉及了一个关键性的问题，该用什么样的方式来补充情感精力呢？

我想分享一段自己的经历，借由它来阐述这个问题。

读高三那年，我经常把自己关在房间里刷题。那种状态挺难熬的，倒不是因为刷题有多累，而是背负着巨大的心理压力，且高三的生活太过单调，让人产生一种"没有尽头"的错觉。那一年，家里人对我说得最多的一句话就是："别太累了，出来看一会儿电视。"

偶尔，我会听从家人的建议，到客厅看一会儿电视。但是，这种

放松休息的选择，收效甚微。
更要命的是，每次看完电视的
我，心里还会萌生出一点负罪
感，感觉时间都被浪费了。身

精力锦囊

　　面对精力上的重度耗损，最有效的补充
正向情绪的办法就是，留出一点空间和时间，
享受自己的"满足时刻"。

体和精神，没有一处得到滋养，还不如上体育课跑上几圈来得畅快。

　　后来，我干脆每天抽出1小时出门跑步，跑不动的时候就快走。
看着春天刚发芽的树枝条和地上萌出尖尖头的小草，竟感受到了由内
散发出的生命力。临近高考的那几个月，跑步的那1个小时成了我最
喜欢的时间段，既自由又畅快，同时也减轻了繁重的学业压力带来的
心理负担，那种莫名的烦躁感、紧张感削弱了一大截。

　　为什么看电视无法缓解压力，跑步却能让人变得轻松愉悦呢？

　　心理学契克森米哈里等人研究发现，长时间地看电视会导致焦虑
加重和轻度抑郁！不夸张地说，看电视对思维和情感的影响，与垃圾
食品对身体的影响，没什么两样。相比之下，如果能够调动其他正向
的情绪恢复资源，则能够帮助我们有效地补充精力。实际上，我们在
前面也提到过，心理疲劳可以通过运动得以缓解。总之，要释放负面
情绪，就要学会获取正面情绪，以此来减缓压力造成的损耗与伤害。

　　有没有什么简单易行的办法，可以有效地帮助我们获取正向情绪呢？

　　如果长期处在同一环境中，做着高强度的工作，就会心生厌烦和
焦虑。特别是对自己要求过于严苛的人，患上压力上瘾的概率更是会

大幅增加。面对精力上的重度耗损，最有效的补充正向情绪的办法就是，留出一点空间和时间，享受自己的"满足时刻"。

什么是"满足时刻"呢？简单来说，就是让你体验到愉悦和深刻满足的感觉，或者说让你感到快乐和舒适的事物。我最喜欢在周五下午去附近的书吧小坐，有时也不看书，就在那里静静地坐着，看街头人来人往，发一会儿呆，但这个时刻让我觉得很放松；我的朋友N姐最喜欢去拳馆打拳，每次一个半小时的练习，会让她完全沉浸其中，无暇思考其他的事情。这个过程让她无比享受，特别是心情不好时，痛快地打一场拳，很多烦恼都被甩了出去。

每个人的喜好不同，但总会有让自己舒适和满足的选择，看电影、阅读、做SPA、画画、听音乐会……无论哪一种，能够给你带来超强满足感的事物，都能有效帮你增加情感精力。因为快乐是维持最佳表现、让情绪恢复的重要资源。当然了，在做其中任何一件事情的时候，全情地投入其中，安心地享受当下。

04 / 深层次的沟通交流会促使精力再生

抑郁情绪像一条大黑狗，行走在生活路上的我们，难免会与它不期而遇。我还能记起自己陷入抑郁情绪中的那些感受，真的是不堪回首。

这里需要说明的是，抑郁情绪并不是抑郁症。抑郁情绪是一种常见的情感成分，每个人都可能会出现，特别是在遇到精神压力和挫折的情况下，可谓是事出有因；抑郁症是一种病理心理性抑郁障碍，通常无缘无故地产生，即便没有客观精神应激的条件，也会抑郁。抑郁情绪是可以通过自我调节缓解的，而抑郁症则要使用药物和特殊的医学治疗方式才能缓解。

我能够从抑郁情绪中走出来，得益于每周一次的心理课搭档Y。她比我年长8岁，生性乐观，喜欢运动，且具备强大的理性思维。陷入抑郁情绪中的我，其实是不太愿意出门见人或参加活动的，意志力有减退的倾向，所以我对心理课也产生了一些抗拒。

当Y姐在某个周五晚上发消息给我说："明天能不能早一点来？

我给你准备了一件小礼物。"我回复她说："最近工作的事情让我极度疲倦，好像生活都不是自己的了，整个人也感觉很不好，明天的课我有点儿不想去了。"

如果是其他人看到这样的回复，想必不会再多说什么，一句简单的"好，那就下次见面再说"，完全可以结束谈话。可Y姐没有这样说，她直截了当地给了建议："既然是这样，那就更应该来了，每周一次的课是唯一可以保持的节奏了！我等你。"

就这样，我拖着疲倦而无力的身心，出现在了周六的课堂上。心理课通常分两部分，一部分是老师对理论和案例的分析，另一部分就是搭档之间的练习。整个的环境氛围是很好的，因为和你对话的人都有一定的心理学基础，大都可以给予支持和共情。

借助这个机会，我缓缓地开了口，把自己在工作上遇到的烦恼、不满、委屈、愤怒都倾倒了出来，情绪也有些失控，眼泪簌簌而下。平日里一向活跃的Y姐，就静静地听着，不时地给我递一张纸巾。其实，如果是正常的心理咨询，通常是不会给来访者建议的，要让来访者自己去思考和决策。我和Y姐之间毕竟不是纯粹的咨访关系，还有同学、友谊的情感成分，因而在听完我的讲述后，她也给了我一些小小的可行性建议。

当时的我受抑郁情绪的影响，无法全然领悟她对我的处境所做的分析，以及她给我的那些忠告和建议。如今时过境迁，我才后知后

精力锦囊

情感精力和体力有相似之处，如果一直停留在舒适区，负重能力就只会停留在有限的范围。所以，在更新情感精力的同时，也要学会扩充情感容量，锻炼情感能力。

觉，发现Y姐是多么通透。可无论怎样，在那段日子里，Y姐给了我莫大的安慰与支持，也成了我每周走出家门、走出封闭状态的动力。

一次次的深层次交流，滋养了我的情感精力，让我慢慢回归到正轨。正因为有过这样的体验，我才更深刻地体会到，一段高质量的关系是可以促使精力再生的。如果一味地沉浸在工作中，承受着巨大的压力，平日里又鲜少能跟交心的朋友沟通，也没有什么业余爱好，是很容易让人筋疲力尽，甚至悲哀绝望的。相反，即便在工作方面遭受挫折、不被肯定，能跟朋友倾诉一下，也可以有效地化解这份压力和苦恼，获取一定的情感精力，让自己更快更好地从负面情绪中走出来。

最后要说的是，即便我们不定期地更新情感精力，生活中依然还会有一些超出情绪范围的事件发生。面对这样的情况，该怎么办呢？实际上，情感精力和体力有相似之处，如果一直停留在舒适区，负重能力就只会停留在有限的范围。所以，在更新情感精力的同时，也要学会扩充情感容量，锻炼情感能力。我一直相信这句话：生活从来不会变得容易，如果它真的变容易了，也是因为我们的"心"变大了，能承受的东西比过去更多了。

05 / Hold住脾气，学会去情绪化管教

对当代成年人来说，尤其是为人父母者，管教子女绝对是耗损精力的第一大事。更有意思的是，对孩子越上心的父母，情绪上的波动越明显，对孩子犯错的容忍度也越低，动不动就会来一场情绪"大爆炸"，既伤害了孩子，也消耗了自己。

女友Y家有两个男宝，大宝上小学二年级，二宝刚满3岁。Y在社区里工作，每天要处理一堆烦琐的事务，协助社区里的居民解决实际问题，在沟通的过程中免不了要受一些委屈。

这份工作已经耗损了她一大半的心力，回到家后还要辅导大宝的功课，偏偏大宝又贪玩、做事拖拉，结果就引发了Y的情绪失控，冲着大宝嘶吼，急了还会推搡他几下。

毕竟是自己的亲生骨肉，看着大宝挂着眼泪写作业的样子，冷静下来的Y心里也不是滋味，总觉得对不起孩子。因为她知道，这些情绪并不都是冲着大宝来的，就如一句话所言："我们对生活勃然大怒，却转身吼向了自己的孩子。"内心的感受是复杂的、矛盾

的，可到下一次遇到类似的情况，Y又会重蹈覆辙，陷入一个死循环中。

白天处理工作，晚上照料孩子，大量的负面情绪充斥在Y的心里，几乎要把她的精力消磨殆尽。工作是不能放弃的，Y目前迫切地想要扭转的就是亲子关系，希望能在孩子出现行为问题时，自己可以控制住脾气，做一个"理性妈妈"。

对于Y所遇到的问题，我们必须明晰一点：很多时候，父母对孩子发脾气，不是因为孩子做错了什么，即便是孩子真的出现了一些行为上的偏差，那也是成年的必经之路。真正的原因在于，父母是在借由孩子发泄自己在工作、社交等方面的压力，而孩子身上的那些问题，不过是父母发脾气的导火索罢了。

对此，我想推荐教育家、儿童精神病学家丹尼尔·西格尔的《去情绪化管教》中的一些理念，他在书中提到：当父母沉浸在自己的情绪中时，是很难共情孩子的，更多的是向孩子施压，让孩子在哭泣和难过中遵从父母的意愿。然而，这真的是管教吗？

不。管教的实质，不是吼叫或训斥，而是"教"。我们该教孩子什么呢？第一，做正确的事；第二，培养自控力与道德判断能力。实现这两个管教目的的途径，是在充满爱与尊重的前提下，设立清晰一致的行为界限。简而言之，就是情感连接与理性引导。

事实上，只有父母不带情绪地去面对孩子，才能设身处地地理解孩子，减少矛盾和冲突，与孩子建立情感连接；也只有让孩子感受到，我们所做的每一件事都是从爱和关心的角度出发，并让他们切身地感受到这一点，才有可能让他们发自内心的认同并接受教诲与建议。

但情感连接并不意味着放任与纵容，而是要对行为设定明晰的界限，让他们清楚地知道：什么是对的，什么是错的；什么事可以做，什么事不能做。这样做的目的，是让他们在未来的生活中可以独立地解决问题，找到预见性和安全感。

关于理性引导，这里也介绍一些切实可行的方法：

1.就事论事，不要习惯性地责备

孩子犯错后，指出来是必要的，但切记就事论事，冷静地看待问题的产生。哪怕孩子之前也犯过类似的错误，也不要上来就责备，没有了解清楚就认为是孩子错了，甚至上升到人格攻击，这是不可取的，对孩子来说也不公平。

2.保持客观的态度，围绕问题找解决办法

没有人愿意听长篇大论，也没有人喜欢被唠叨，父母的苦口婆心不过是一厢情愿地"为你好"，也是无谓的身心消耗，孩子根本听不进去。出现问题，要保持客观的态度，围绕问题本身去找解决办法，这样的做法也能让孩子保持冷静的状态，认真思考自己存在的问题，找到解决的途径，既简单又高效。

3.用有条件的肯定，表达反对的意思

如果你必须要拒绝孩子的某一项请求，一定要重视说"不"的方式，直截了当地回绝，过于强硬，让人难以接受。如果是处在叛逆期的孩子，很可能会因此而引发亲子间的争吵与冲突。拒绝可以，请注意表达的方式。

> **精力锦囊**
>
> 保持正向的沟通，是激发积极情感的源泉。当你对身边的人施加的是正面情绪，他感受到的是爱与尊重，回馈给你的结果自然也更倾向好的一面。

4.情绪爆炸之前，做好扪心三问

情绪这个东西，有时很难依靠自制力来控制，如果在管教孩子的过程中感受到了自己的负面情绪开始涌动，可以借由十秒钟的时间，问自己三个问题：

· 孩子为什么要这样做?

· 我希望让孩子明白什么道理?

· 我应该怎么对孩子说?

当你开始思考"孩子为什么要这样做"时，你就已经开始尝试站在孩子的视角去想问题了，这是共情的基础。当你知道自己想要做什么，并想清楚用什么方式去做时，就避免了伤人的口不择言，以及无效的嘶吼。想清楚这三件事，管教孩子的问题基本上就迎刃而解了。

保持正向的沟通，是激发积极情感的源泉。当你对身边的人施加

的是正面情绪，他感受到的是爱与尊重，回馈给你的结果自然也更倾向好的一面。倘若每一次遇到问题都能心平气和地解决，那么管教子女就不再是对精力的消耗了，而是转向成为一种情感精力的再生。

06 / 别低估了完美主义对精力的消耗

曾经一度，我把完美主义当成了一个"褒义词"，认为它象征着严谨自律，以及高标准。然而，这个"褒义词"并没有带给我太多正向的体验，反倒让我一次次靠近崩溃的边缘：

当一些事情没有做好，或是没能达到我预期的理想效果时，我会陷入懊恼和烦躁中；我痛恨失败，总在极力地避免这件事的发生，可无论怎么努力，还是会与它不期而遇；我拼命地追求生命的完美，不想接受任何的瑕疵，但生活中的那些障碍总是频频冒出，压根没有听从过我的意愿，这让我产生了强烈的挫败感，愈发地怀疑自己、否定自己。

正因为这个原因，促使我踏上了自我探索与学习之路。我逐渐地了解到，完美主义与积极的正能量之间，根本不是"＝"的关系，像我那样的情况其实是"消极的完美主义"。

对于"消极的完美主义"，百度百科上的解释是这样的："在心理学上，具有消极完美主义模式的人存在比较严重的不完美焦虑。他们做事犹豫不决，过度谨慎，害怕出错，过分在意细节和讲求计划性。为了避免失败，他们将目标和标准定得远远高出自己的实际能力。"

消极的完美主义，最突出的特点不是追求完美，而是害怕不完美。美国影响力女性之一，《脆弱的力量》一书的作者布琳·布朗认为，消极的完美主义并不是对完美的合理追求，它更多地像是一种思维方式：如果我有个完美的外表，工作不出任何差池，生活完美无瑕，那么我就能避免所有的羞愧感、指责和来自他人的指指点点。"

消极的完美主义给人带来的直接影响是什么？对此，我的感触有以下几方面：第一，很难着手去做一件事，喜欢拖延，一想到中途可能遭遇失败，就会选择放弃；第二，容错率特别低，任何事情稍有瑕疵，就全盘否定，陷入沮丧和自我怀疑中；第三，反感他人的批判与挑剔，一听到反对意见，情绪就会产生波动。

你应该可以想象得到，当一个人陷入了这样的状态中，会产生多么严重的精神内耗。伏尔泰曾经说过："完美是优秀的敌人。追求卓越没有错，但是苛求完美就会带来麻烦，消耗精力，浪费时间。"事实的确如此，这个世界本就不存在绝对的完美，任何事物都会有瑕疵，我的理想和现实在不断地发生冲突，而我在那些年里，也备受挫败感带来的情绪困扰。

如果你也有类似的感触，那么你一定很想知道，怎样才能从消极的完美主义中走出来？

　　首先要说，对自己有高要求、设立高标准并不是错，毕竟人要不断地迈出舒适区，才能学到、拓展更强的能力。但如果无法完成预先设定的目标，该怎么处理呢？这是一个关键的问题，也是一个重要的思维方式。

　　消极的完美主义者，仅仅凭借目标的完成情况来评价自身价值，思维比较僵化。不仅设立的标准高，且一旦达不到标准，就会强烈地自责。弗洛姆在其著作《自我的追寻》中写道："如果一个人感到他自身的价值，主要不是由他所具有的人之特性所构成，而是由一个条件不断变化的竞争市场所决定，那么，他的自尊心必然是靠不住的。"在这样的前提下，消极的完美主义者必然会感受到更大的压力，滋生更多的负面情绪。

　　与之相对应的，也是我们要效仿的，是积极的完美主义者的做法：同样面对上述情况，他们会给予自己更大的空间进行调整。实现目标之后，也会获得成就感和满足感。因此，这种完美主义也被称为"最优主义"。

　　以作家村上春树为例，他说自己无论状态好不好，每天都会雷打不动地写4000字。如果实在没有灵感，就写写眼前的风景。即便写得不够好，但还有修改的机会和空间，一鼓作气写完第一稿，就是为了能给后面的修改提供基础，最糟糕的是没有内容可修改。

　　这就是"最优主义者"在现实中的呈现，不是没有更高的追求和期待，而是不被"害怕不完美"的想法束缚；同时，也没有陷入到极端思维中，认为稍不完美就是失败。那么，对于芸芸众生中的我们来说，怎样才能够朝着"最优主义者"靠近呢？

> **精力锦囊**
>
> "最优主义"不是没有更高的追求和期待，而是不被"害怕不完美"的想法束缚；同时，也没有陷入到极端思维中，认为稍不完美就是失败。

哈佛大学积极心理学与领袖心理学讲授者泰·本博士提出了一个3个"P"理论：

· Permission——**允许**

接受失败和负面情绪是人生的一部分，要制订符合现实的目标，采用"足够好"的思维模式。不必要求自己非得达到令人望尘莫及的高度，符合60分的标准，就要给自己一些鼓励和认可，不必非得达到100分的标准，才认为是好的。

· Positive——**积极面**

看事物的时候，要多寻找它的积极面。即便是失败，也要把它当成一个学习的机会，看看是否能够从中学到点儿什么。

· Perspective——**视角**

心理成熟的人，具备一项很重要的能力，就是愿意改变看待问题的视角。你不妨问问自己："一年后，五年后，十年后，这件事还这

082 ······• 精力管理：成就卓越人生的关键

么重要吗？"当我们试着从人生的大格局来看待问题，就像拍照时拉远了镜头，视角会变大，能够看到一个更宽阔的视野。

不要再为不完美的瑕疵为难自己了，我们对事情的主观解释就决定了它们在我们眼中所呈现的样子。很多时候，对失败的恐慌和极度反感，很容易让人生陷入困境；从容地接受不完美，试着利用失败，反倒更能靠近想要的目标。

07 / 负向情绪的背后，隐藏着不合理信念

负向情绪对精力的耗损毋庸赘述，想要降低负向情绪出现的频次，不能头痛医头脚痛医脚，而是要从根源着手。人的情绪与思维模式、信念有关，同一件事，不同的人有不同的看法，产生不同的情绪反应。一旦有了不合理的信念，就会滋生负向情绪。所以，想要调节情绪，就要修正负向情绪背后隐藏的不合理信念。

什么是不合理信念呢？简单来说，就是以扭曲、消极的方式进行思考。20世纪70年代，美国心理学艾利斯开始研究人们的不合理信念，并把不合理信念归纳为三大类，即：绝对化要求、过分概括、糟糕至极。

·绝对化要求

绝对化要求，是指个人以自我为中心，眼里只能看到自己的目的和欲望，对事物发生或不发生怀有确定的信念，而忽略了现实性。

最典型的例子就是："我对你好，你就应该对我好！你得按照我的想法和喜好来行事，否则我就会不高兴，也难以接受和适应。"

可想而知，这是一种绝对化要求，太过理想化，甚至有一厢情愿的意味。毕竟，每一个客观事物都有其自身的发展规律，不可能以个人的意志为转移。周围的人或事物的表现和发展，也不可能依照我们的喜好和意愿来变化。如果陷入了这样的执念中，就很容易滋生负面情绪。

· **过分化概括**

过分化概括，是指以某一件或某几件事情来评价自身或他人的整体价值，是一种以偏概全的不合理的思维方式。比如，有些人遭遇了一次失败，就认为自己"一无是处""什么也做不好"，这种片面的自我否定通常会导致自责自罪、自卑自弃的心理，同时引发抑郁、焦虑等情绪。一旦把这种评价转向他人，就会一味地指责别人，产生愤怒和敌意的情绪。

显然，这些想法太过极端，没有以辩证的眼光去看待人和事。一个事物的整体价值需要从整体去评判，不能只从某一个或几个维度就下论断。

· **糟糕至极**

糟糕至极，是指把事物的可能后果主观想象、推论到十分可怕、糟糕的境地，认为某件不好的事情一定会发生，并导致灾难性的后果，从而产生担忧、恐惧、自责和羞愧的心理。

比如，一次体检发现血脂有点高，就变得心神不宁，上网搜索高血脂会引发的问题，想到自己得了这些病会如何？将来该怎么办？爱人会不会嫌弃自己？自己的病会不会拖累孩子？结果，越想越害怕，焦虑得让自己都感到要窒息了。

这种想法是非理性的，因为对任何一件事情来说，都有比之更坏的情况发生，没有一件事可以被定义为糟糕至极。若非要坚持这种"灾难化"的想法，就会陷入到不良情绪中，甚至一蹶不振。我们要尝试去看到事物的其他可能性，最坏的结果有可能发生，但最好的结果和其他的结果同样也可能发生，最坏的结果只占很小的概率罢了。同时，我们也不能低估自己的应对能力，很多时候我们身体和生命的韧性，远比想象中要强大。

人的精力都是有限的，经常被不合理的信念包裹，是一种无谓的消耗。如果我们产生了不合理信念，并受到其困扰，可以借鉴艾利斯提出的ABCDE模式，帮助自己从改变信念入手，去改变行为。

A：诱发事件 B：信念 C：结果 D：驳斥 E：交换

Step1：梳理诱发事件（A），即任何引起紧张的情形。

——合作方对我的新方案提出了修改意见。

Step2：整理出由该事件带来的信念（B），即如何评价诱发事件。

——我的脑子里冒出一个想法，也许是我的能力有限。

Step3：评估结果（C），即消极信念导致的消极行为，会带来什么样的结果。

——我觉得自己不够好，思维不够灵活，可能也不太符合他们的要求。也许，我应该提出取消这次合作，以免太被动。

Step4：驳斥（D），积极驳斥那些非理性信念。

——在整个沟通的过程中，他的态度是很诚恳的，也认可了我的一些想法，他应该是不太喜欢这种表述方式，而不是在质疑我的能力。

Step5：交换（E），由理性信念带来的积极的新行为结果。

——我要打破现在的风格，重新找一些切入点，重做一份方案。

你看，事情本身并没有发生任何变化，但是改变了看待它的方式，就能对我们产生不一样的影响。如果能够及时觉察出自己想法中不合理的成分，及时进行调整，可以帮助我们有效地阻断负面情绪的产生，继而减少身心上的无谓消耗。

精力锦囊

想要调节情绪，就要修正负向情绪背后隐藏的不合理信念。不合理信念简单来说，就是以扭曲、消极的方式进行思考。

Part 4

极简法则

——只过“1%”的生活

01 / 想毁掉一个人，就让他去看泛滥的信息

斯坦福大学的劳伦斯·莱斯格教授，曾经分享过他的一个习惯：每年关掉自己的网络一个月，打电话的次数也尽量减少；平时需要集中精力的时候，也会关闭网络。

身在互联网时代，要关闭网络一个月，着实是需要勇气的。当然，我们没有必要完全效仿劳伦斯教授的做法，但对于他这一做法的价值和意义，却是值得我们深思的。现代人的手机上都有不少的App，且不说耗费时间的各种游戏了，仅仅是微信朋友圈、公众号和新闻类的软件，就已经让大家目不暇接了。

我记不清有多少次，抱着手机滑动屏幕，一条条地翻看动态，不时地给别人点赞、评论，或是阅读文章，完全忘记了时间的存在。直到感觉眼睛酸了、脖子痛了，再看一眼时间，才发觉已经一个多小时过去了，除了身体上的酸痛以外，大脑一片空白。印象中是读了几篇文章，可这种碎片化的阅读，似乎只是在看的那一刻自认为领悟了，可在关闭了页面之后，那些内容就彻底烟消云散了，再没什么印象。

　　意识到这一问题后，我选择了忍痛割爱，关闭朋友圈功能。只是偶尔想了解某朋友的近况，才会特意去点开查看。这样做的好处在于，避免打开微信的那一刻，被朋友圈更新的"小红点"吸引，习惯性地去打开浏览。虽然只是一个不起眼的动作，可每天刷上10次，每次3分钟，就会耗费掉30分钟，精力也会被分散。况且很多时候，我们并不是只刷3分钟，看到好看的文章推荐，可能一次浏览就得花掉十几分钟，想想实在可怕！

　　除了关闭朋友圈以外，我还卸载了新闻类软件，并总结出一条心得：少看社会性新闻，是对自我的一种善待！之所以这样说，想必你也能猜到，那些吸引眼球的新闻标题，总能巧妙地勾起人的好奇心，可打开之后呢？不是看到没有营养价值的八卦，就是看到戳心的、令人产生焦虑情绪的负面新闻，着实是对身心的一种损耗。

　　有一次，在看到"30出头的女青年身患癌症，晚期时不舍离世，只因内心放不下年幼的孩子⋯⋯"这样一条新闻后，瞬间就产生了一种无力感，谁也不知道明天和意外哪一个先来？万一明天不幸降临到自己身上，遇到和她一样处境，我该怎么办？

　　我的思绪瞬间陷入了一片混乱中，幸好后来有工作的事宜要处理，被迫中断了对这则新闻的反刍。慢慢地，这件事就被我淡忘了，那种无力感、对生活和奋斗的质疑，也逐渐消散了。我的生活又回归了往日的轨道，又能体会到那些细碎的美好。

大脑就是这样的，看见什么就处理什么，当你被泛滥的信息包围，大脑的思考能力也会下降，因为有限的精力在逐

精力锦囊

　　大脑总是看见什么就处理什么，当你被泛滥的信息包围，大脑的思考能力也会下降，因为有限的精力在逐渐地被耗损。

渐地被耗损。这样的耗损有意义吗？仔细想想，完全是无价值的。网页上的那些社会新闻，各种奇闻怪事，几乎90%都与我们无关。在信息爆炸的时代，新闻报道者为了博人眼球，往往会刻意起一些有冲击力的标题，报道一些负面事件。偶尔看一两则倒还能消化，可当类似的新闻不断地涌现出来，我们的思维和生活必然会受到影响。

　　那些真正重要的新闻，每天7点钟打开新闻联播，花费半个小时的时间，完全可以收听到。至于其他的奇闻逸事，可以一天读10条，也可以一天读100条，只要你想，它们随时都可以出现在眼前。所以，有时候选择"眼不见为净"是对的，它能减少直接诱惑。

　　每天的时间有限，大脑的精力有限，专注力也有限，把这些宝贵的东西用在泛滥的信息上，无疑是最大的浪费。如果把每天刷朋友圈、翻看社会新闻的一小时，用来读十几二十页书，学习一门需要的或喜欢的课程，完成一两套室内的简单运动，抑或用来打扫一下房间，叠加起来的收获也是很大的，且能让自己、让生活有看得见的改变。

02 / 你拥有的物品越多，消耗的能量就越多

美国心理学家鲍迈斯特提出过一个"自我损耗"理论：尽管你什么都没做，但是每一次选择、纠结、焦虑、分散精力，都是在损耗你的心理能量；每消耗一点心理能量，你的执行能力和意志力都会下降。看看下面的这些情景，有没有让你瞥见一丝自己的生活写照？

·约朋友去逛家居商场，逛了大半天下来，只买了两个小物件，却感觉无比疲惫。走进咖啡厅，只想瘫坐在那里，就连坐车回家都变成了一桩艰难的事。

·办公桌上堆积了大量的资料和文件，还有你近期入手的杯子、台历。每天正式工作之前，你都要花点儿时间去整理，有时甚至为了找一份重要的合同翻半天，核实到底哪一个才是你要的，生怕弄错了。

·一向都很喜欢买衣服，家里的两个衣橱都被塞满了，可即便如此，每个工作日的早上，还是不知道穿哪一件合适？搭配了一套又一

套，怎么看都觉得不满意。直至出门的时间点临近，才不得不放弃搭配，随意选一套出门，路上却依旧为这件事闹心，寻思着是不是还要添置两件衣服，来缓解"无衣可穿"的困境。

·小时候家里的生活条件不太好，物质方面比较匮乏。终于熬到了长大，有了一定的经济能力，开始弥补过去的欠缺，不断地为自己的小家添置物品，总觉得这是对自己的犒劳与善待。买的那一刻很满足，但问题也开始逐渐暴露：有限的生活空间变得日益狭小，四处都堆满了东西，偶尔一两天没收拾，乱得连下脚的地方都没有了。

·······

有没有意识到，生活中许多细小的事物，其实对精力的耗损是巨大的。

为什么逛街会让人疲惫不堪？为什么衣服多了反而"没的可穿"？为什么桌面和房间里的物品多了会让人心生烦乱？原因就是——拥有物品，就等于把能量耗费在物品上！逛街买东西要挑选，衣服多了要选择，选择就要做决策，做决策就要消耗精力；物品多了需要整理，整理的时间和精力与物品的量成正比。

为什么扎克伯格的衣橱只挂着数件同款式的浅灰色T恤和深灰色连帽衫，再无其他衣物？就是因为在需要的时候，随便拿一件就行了，不用纠结。扎克伯格自己是这样说的："我每天早上起来，都有超过十亿人在等着我服务，我不想把时间浪费在那些无意义的事情上。在生活中，我总是尽量简单一些，少做选择。"

我们的时间是有限的，一天只有24小时；我们的精力也是有限的，每日的黄金时段也不过几个小时。然而，我们必须要去做的那些事情，如吃饭、睡觉、工作、收拾家务、照看孩子，却是一样都不能省略的。在此之余，我们可能还有一些小小的个人愿望，希望能在忙碌之余，好好地读一本书，看一场电影，做一些有益身心的运动⋯⋯做这些事情的时间和精力，要从哪儿来呢？

> **精力锦囊**
>
> 　物品的存在，应是为了提高生活的品质，这是"本"；因过多的物品，耗费掉了本可以用来创造和享受生活的资源，这是"末"。舍本逐末的选择，得不偿失。

我们没有办法拉长时间，也没有能力让自己变成精力无限的"超人"，但我们可以选择做这样一件事：精简不必要的物品，把时间和精力留给重要的人和事。假如每天早上只需要5分钟时间，就能解决上班穿什么的问题，就可以把节省出的15分钟做一套哑铃训练；假如办公桌上整洁有序，文件归类清晰，就可以把找东西的时间节省下来，集中回复客户的邮件；假如家里的物品减少一半，就可以把周末收拾它们的时间节省下来，认真地读一本书。

物品的存在，应是为了提高生活的品质，这是"本"；因过多的物品，耗费掉了本可以用来创造和享受生活的资源，这是"末"。舍本逐末的选择，得不偿失。

减少身边的东西，腾出时间、空间和精力给更有益的人事物，我们会活得更从容，精神上也更丰富。

03 / 让你产生负面情绪的东西，趁早扔了它

前段时间，朋友带给我一本珍贵的绝版书，名叫《丢弃的艺术》。这本书的作者辰已渚，详细地阐述了舍弃的重要性。在她看来，"也许哪天"是绝对不会来的。经过三年未曾使用的东西，如果能在第三年而不是第三十年将其舍弃，就能尽早免去被一大堆物品包围的困扰。

这本书在对物品的认知层面，带给我强烈的震撼。后来我才知道，它改变过许多人的生活，包括撰写出畅销书《超级整理术》的作者泉正人。据说，泉正人第一次看这本书时，是在一辆公交车上。他被书的内容深深地吸引了，以至于差点儿就错过了下车的车站。

泉正人决定践行"丢弃的艺术"，他按照书中介绍的方法，回到家后立刻走进自己的房间进行整理。几个小时后，他从房间里走出来，拎着整整8只垃圾袋的物品，里面有不再穿的衣服、小学时期的课本、儿童时代的玩具、各种橡皮和贴纸等。他简直不敢相信，这些东西竟然都是从那间只有十几平米的小卧室里整理出来的。

整理完这一切之后，泉正人坐在垃圾堆旁边，陷入了沉思：以前我为什么没有意识到家里有那么多没用的东西呢？最让泉正人震撼的还不止于此。当他把所有的垃圾都搬走后，房间里顿时换了模样，连他自己都不认识了。

原来被物品占据的部位，露出了从未见过的地板，看上去豁亮很多，像是别人的房间。屋子里的空气似乎也变得轻盈了，泉正人体会到了前所未有的轻松。这样的变化带给泉正人的影响是终生的。从那天开始，泉正人明白了整理的重要性。

截至今天，泉正人同时经营着五家企业，每年读书300本以上，经常去听讲座、上英语口语班、打高尔夫，每个月都去海外视差旅行、演讲，还出了多本畅销书。可是，他从未感觉被忙碌绑架，他认为是《丢弃的艺术》这本书改变了他的人生。

泉正人回忆说："其实，我不是一个擅长整理的人，我是那种，能不整理就不整理的人。话虽如此，可我也认识到了整理的重要性。我吃过那样的亏，比如，因为没有及时整理，导致一项工作不得不重复去做，浪费了时间；或是丢失了重要的票据，丧失了客户的信任，等等。我个人的经验是，如果不及时整理，工作效率就会下降，有时不得不花费

精力锦囊

丢掉无用的杂物，不仅仅是一项清洁工作，更是打破固有的生活模式和习惯性的思维，为自己所处的环境以及身心，做一次彻底的清除。

很长时间找文件或票据，或是重复同样的工作。这些时候，我的大脑也是混乱的，分不清工作的轻重缓急，可只要及时进行了整理，工作就会变得特别顺利。总之，我整理不是单纯为了环境整洁，而是为了提高工作效率。"

美国作家布鲁克斯·帕玛说过："垃圾或杂物，包括你保留的但对你不再有用的东西。这些东西可能是损坏了的，也可能是崭新的，无论如何，它们都已经失去了价值，所以成了垃圾。这些东西一无是处，当然不能提高你的生活品质。相反，它们是优良生活的牵绊，是焕发生机的阻碍，也是你必须清除掉的绊脚石。"

丢掉无用的杂物，不仅仅是一项清洁工作，更是打破固有的生活模式和习惯性的思维，为自己所处的环境以及身心，做一次彻底的清除，凸显出更重要的、更有价值的东西，让我们把有限的时间和精力投入到这些事物上，换来高效、高质的人生。

那么，到底哪些东西是需要我们即刻践行"丢弃的艺术"的呢？

· **搁置不用的物品**

近一两年内没有再使用过的东西，且没有预定要使用的东西，再次被使用的概率就很低了。最常见的就是化妆品、包包、衣服等，要么过了保质期，要么已经不再适合当下的自己，与其让它们占用生活空间，不如及时清退。

·有待修理的物品

·那些老旧的、坏掉的家用电器、手表、玩具、厨房用品等，如果它们无法奇迹般地自行复原；或是即便花费不少的时间精力能够修理好，但也不太好用，干脆扔掉吧！

·伤感情的物品

《丢掉50样东西，找回100分人生》的作者盖尔·布兰克说："如果有些东西让你心情沉重或感觉不好，让你觉得疲倦，或让你在生活和工作上无法更进一步，它就得离开。我们应该用'它让我感觉如何'为标准，仔细检查周遭每一样用品。"

保留让自己产生负面情绪的东西，只会让我们无法脱离过去的牵绊。所以，前任男友（女友）的照片、前段婚姻的婚纱、未录取的通知书、亲人灾难事故的简报等，还是丢弃吧！这些东西会影响我们的情绪，阻碍我们走向新的人生，不可留。

扔掉让自己产生负面情绪的东西，远离牵绊自己前行的事物，脱离对物品的执念，我们才有更多时间和精力轻装上阵，重建内心的秩序，拥有款待自己的空间，更好地掌控生活。

04 / 过度关注别人，不过是虚耗自己的精力

楼下的邻居YOYO，从有了孩子以后，就当起了全职妈妈。

我非常尊重全职妈妈，这是一个很有勇气的选择，也需要付出很多的牺牲。这个世界上其他任何一份工作，如果你想的话，都可以找到"浮生偷得半日闲"的时刻，唯独"全职妈妈"没有这样的机会。特别是在孩子小的时候，更是对体力、精力、心理的巨大考验。

刚搬到这里时，我就被热情的YOYO打动了，她说话做事都很爽快，帮我介绍邻居认识，告诉我附近哪家店买东西最实惠，诸如此类。然而，认识的时间久了，我却开始下意识地避免和YOYO闲聊，通常三言两语打个招呼就过去了。

至于原因，是我发现YOYO太过喜欢关注别人，并习惯以这些事作为聊天的话题。哪位邻居家发生点什么事，YOYO总要拿出来说一说，并对事件的主人公进行各种道德评判；看到周围人给孩子报了什么课程，她也要跟着去报，生怕自己的孩子落在起跑线上；就连别人"双·11"囤了什么货，她也要跟着买……如果跟她聊天的时间超过了十分钟，

她还会把这些问题抛给你，让你也就此发表言论，评判是非。

大约是性格和工作原因使然，我不太喜欢说话，也不太爱凑热闹。人多了，听到的信息多了，会觉得大脑比较乱，

很难一下子静下心来写东西。因为每天都设定了任务量，至少要完成四五千字的内容，我需要避免不必要的干扰，保持自己的节奏。毕竟，写文字是一件很耗费心力的事，能完成既定的任务就让我觉得比较辛苦了，至于邻居家的长长短短、其他父母的带娃模式、别人在"双·11"囤了什么货物，我真的无心也无力去关注。

今年夏天，YOYO的孩子顺利入园，闲下来的YOYO有了更多的时间玩手机，关注代购群，在宝妈群里聊天，见面的话题也变成了——"你有没有看新闻⋯⋯""听说XX家的孩子要转学了，还参加了⋯⋯"或许，这样的生活方式是她喜欢的，旁人没有资格去评判和干涉，我欣赏她充满热情的态度，可为了保存有限的精力，我还是选择了敬而远之。

一位作家在某档演讲节目中，谈到过这样一件事：有几年的时间，他一直在寻访世界古文明遗址，在即将走完的时候，一位传媒公司的总裁对他说："最后一站，我陪你走吧！"

在寻访古遗址期间，由于客观条件的限制，作家无法看电视和报

纸，根本不知道这几年世界发生的变化，借助这个机会，他也希望这位总裁给自己补补课。没想到，这位总裁只用了不到十分钟的时间，就把这几年世界发生的事情讲完了。

作家觉得很诧异，不敢相信就只有这些，但对方告知，就只有这些。接着，作家又让他讲一讲中国在这几年里发生的事，结果对方只用了五分钟就说完了。传媒总裁看到作家的脸上流露出失落的神情，补充了一句说："绝大部分的事情发生后的第二天，我就连再讲一遍的兴致都没有了。"听完这句话，作家瞬间释然了，并在心里暗自庆幸："我这几年不管不顾，看来并没有损失什么。专注于喜欢的事情，反倒收获了不少的快乐。"

关注任何一样东西，都要消耗精力和时间。过度关注别人的生活，就是在虚耗自己的能量。连岳有句话说得好："对他人的私事不关心不介入，允许他人的道德观、生活方式和自己不同，将消除世上90%以上的烦恼。"

一个人成熟的标志之一，就是明白每天发生在我们身边的99%的事情，对于我们和别人而言，都是毫无意义的。那些既不重要也不紧急的事，那些与自己毫无关系的人，根本不值得我们去耗费宝贵的精力。把关注点回归到自己身上，把大部分的时间和精力倾注在1%的美好人事物上，才能收获一个属于自己的、高性价比的人生。

05 / 远离无效社交吧！走心的朋友是"限量版"

　　M是我十年前在一家文化公司就职时认识的同事，他平时最喜欢的事就是参加一些类似"同乡会"之类的线下活动，交一点参会费就可以参加，能借此机会认识很多朋友，拓宽人脉。

　　有一次，他在活动中偶然结识了一位杂志圈的"大人物"，交流甚欢，还相互留了电话。谈起这件事，M洋洋得意，说对方和他聊得很投缘，说不定将来有机会一起做点儿事情。

　　想象总是美好的，现实却很"打脸"。不久后，M因工作问题被公司辞退了，他没当回事儿，也没有反思自己到底错在哪儿？一转身，就去联系那位"大人物"，希冀着对方能给他一个更好的工作机会。没成想，发了信息，人家没回；打电话过去，人家说"没空"。

　　认识到投靠"大人物"无望的事实后，强烈的挫败感涌上了M的心头。

　　也许，在M的认知中，那位"大人物"是很有价值的人脉；可在那位"大人物"的认知中，M却属于"无效社交"，甚至就是一个早已被遗忘的过客。人脉有价值是毋庸置疑的，但这个价值是有前提条件的，即你自身也是有价值的。换句话说，你自己不够优秀、没有价值，认识再优秀、再有价值的人也没用；只有等价的交换，才能得到合理的帮助。

听起来似乎有点残酷，却是一个不争的事实。没有人愿意把时间和精力用在无效社交上，即无法给自己的精神、情感、工作、生活带来任何进步的社交活动。当无效社交占据了过多的精力时，不仅无法从中获得内在的滋养，还可能引发情绪上厌烦或是行为上的颓废，陷入人脉倒退的陷阱，让真正需要并值得维护的人脉被忽视。

社会学家曾经作过一项研究：人的一生中，同时交往的朋友数极限，分别是10个、30个和60个。也就是说，我们一生中真正的朋友不会超过10个。听起来似乎少得可怜，但这些人却是能够在我们身陷囹圄时不离不弃、伸手相救的人；另外的30个，是时不时会联系的朋友，偶尔一通电话、几条消息，知道彼此过得怎么样就够了；最后的60个，是关系最淡的朋友，因为某种机缘巧合相识，互换名片、互加微信，对彼此有印象，仅限于此。

说白了，会对我们不离不弃的真朋友，完全是"限量版"的。与其花费大量时间片面地追逐社交，不如沉下心来认真对待这些值得的人，再把剩余的精力用来提升自我。当你学会了向内求，把自身的特长发挥到极致时，自然会吸引到有同等价值的人。

最后，我们来总结一下，哪些社交属于无效的，是可以选择放弃的？

·无效社交1：对生活和工作毫无益处

这种社交就是纯粹的凑热闹，为了社交而社交，如同乡会、论坛聚会等。一群陌生的人在一起聚个餐，其实彼此都不了解，也不太可能对未来的工作和生活产生什么帮助。这样的社交，投入再多也没什么回报，只是打发时间而已。

·无效社交2：会给你带来负面的能量

远离负能量爆棚的人，真的是对自己的一种保护。这种社交会在无形中吞噬我们的精力和正能量，他们的存在就像是遮挡阳光的乌云。如果我们总是抱着圣母心态，认为自己真的能够帮到对方，最后的结果很可能是被他们消耗能量。

·无效社交3：带有"情分"绑架的意味

被迫参加而又不具实际意义的活动，也属于无效社交。比如，形式上的同学聚会，多年不见，也没什么感情，只是出于难为情才勉强同意。再如，关系不是很亲密，却打着朋友的名义，隔三差五邀你一起吃喝。此类社交，就是被绑架在了"情分"上，无端地浪费自己的时间，没有任何实际的意义。

·无效社交4：流于形式的"点赞"之交

存在于手机里的"朋友"，看似都是认识的，并错误地将其视为

人脉，每天花费不少的时间去
关注他们的动态，考虑要不要
点赞，要怎样评论。其实，这
些都是无效的社交，毕竟没有
真情实感。很多时候，如果存
在利益价值，还会彼此保留一个名录；一旦利益没有了，就只是一个
空洞的符号。

精力锦囊

　　与其花费大量时间片面地追逐社交，不如沉下心来跟真正的朋友进行一次深度的交流，讨论志向、分享知识、倾听心声，无论哪一种，都是在对情感精力进行有效的补充。

　　与其为了这些流于形式的无效社交浪费时间，不如去跟真正的朋友进行一次深度的交流，讨论志向、分享知识、倾听心声，无论哪一种，都是在对情感精力进行有效的补充。

06 / 学会拒绝以后，我的日子好过多了

五年前的小薇。

老板临时交代一项加急任务，连续两周没有休息过的她，承接了这个项目。在连加了三天班后，总算把设计图赶了出来。刚想着能松口气，过个舒服的周末，没想到朋友又打电话，让她帮忙写一份总结。小薇真心不想动，可朋友难得开一次口，还提前订好了吃晚饭的餐厅，小薇实在不好意思拒绝，就趁午休的时间帮忙写了一份。

赴了晚餐之约后，小薇打车回到家，深感疲累。虽然写总结不算太辛苦，但吃饭、聊天、往返路程，也很耗费体力和精力。然而，想起朋友看到那份总结后拍手叫绝的样子，心里还是挺欣慰的。起码，她觉得自己在朋友那里还是有价值的，也没白忙活。

五年后的小薇。

远道而来的大学同学，来到小薇所在的城市，邀请她一起吃个饭，并告知明天一早就要离开。小薇刚刚从外地出差回来，很想在家陪伴爱人和孩子。她没有碍于面子去赴约，而是把事情一五一十地告

诉了同学："我刚出差回来，这几天没在家，孩子一直闹情绪，实在不方便出门赴约。很感谢你的邀请，下次有机会，咱们再聚好吗？"

亲爱的你，更像是五年前的小薇，还是五年后的小薇呢？

从处理问题的层面上讲，两者的差别在于：面对别人的请求时，一个是抹不开面子委曲求全，另一个是结合自我需求适当拒绝。看似就是一两句话的不同，可获取的内心感受与精神状态却是大相径庭的，生活质量也有天壤之别。

盲目地接受他人的要求，不考虑自身的情况，就如同自我的世界被他人的意志占满，给生活和工作造成极大的压力，让身心持续处在紧张和疲劳的状态下，既得不到协助，又无法完全摆脱，只能拼命压榨自己的时间和精力，激发更多的能量来兑现承诺。

人是无法欺骗自己的，违心地选择了接受，内心的不情愿不会放过自己，它会不时地搅乱你的安宁，让你不开心。内心的负面情绪不断积压、蔓延，就会成为一种"传染源"，让身边的每个人都察觉到异样。当你把消极的语气、情绪和表情传递给他人时，也间接地让他们接收了你的讯号，将其反馈到你身上，从而在人际关系方面进一步造成精力损耗。

没有谁是不知疲倦的机器，是否接受他人的请求，要对自身的情况进行分析与衡量。我们并非圣人，更不是超人，做任何事都不可能维护所有人的利益、照顾所有人的感受，对于不合理的、无能为力的请求，要顺应自己的心声，尊重自己内心的情感，坚持自己的立场，对不想要、不需要的人和事说"不"，避免被违心应承下来的负担压得透不过气。

很多人害怕，拒绝别人会给对方造成伤害，这种担忧大可不必。

在成为自由职业者之初，为了多建立一些合作关系，但凡有编辑约稿，我都不敢轻易拒绝，总担心这一次没有跟对方合作，今后就失去了合作的可能。结果，积压的选题多了，我每天花在工作上的时间大约有14个小时，晚上躺在床上的那一刻，脑子都是胀痛的。

这样的状态持续了两三年，我的身体严重透支，总是频频掉发，还变得郁郁寡欢。不得已，我必须对工作方式进行调整，从减少工作量开始，每天只完成3000字即可。剩余的时间用来增补精力，看电影、看书、到户外散步、慢跑。对于编辑的约稿，根据自己的实际情况有选择性地接受，不太感兴趣的、不太擅长的，都予以婉拒。

拒绝的结果，并没有我想象中那么糟糕。那些没有达成合作的编辑，没有质疑我的能力，而是期待下一次的合作。我的做法，也得到了不少编辑的称赞与欣赏，认为我是一个对自己、对他人、对工作都

很负责的人，拒绝是为了保证自己有充沛的精力，也保证作品有好的
质量，不为眼前的利益而迷失，这样的伙伴是值得长久合作的。

　　你瞧，那些真正信任和尊重我们的人，并不会因合理的拒绝而
恼火。卓别林提醒过我们："学会说'不'吧，那样你的生活将会
好得多。"我是这句话的真实受益者，学会拒绝以后，我的日子好过
多了！往后余生，那些让你勉为其难的事情，清清爽爽地跟它们告
别吧！

Part 5

思想能量

——全情投入 VS 乐观主义

01 / 你的一切价值，都是你注意力的产出

原谷歌设计伦理师特里斯坦·哈里斯，曾在TED演讲里提道：如果任何产品是免费的，那是因为有人在为你买单，或者说为你的注意力买单。注意力究竟有多值钱呢？打个比方，你每打开一次网页，背后都有一场竞拍在进行，每天高达上亿次。

无论是微博、抖音、Facebook，还是各种游戏平台，最终要做的一件事就是吸引用户的注意力。当我们置身于信息泛滥的环境而不自知时，就会被困在信息的厚茧中：每天不断地接收繁杂的信息，担心自己被时代抛弃；一天不刷手机、不上网，就觉得无所适从，仿佛脱离了整个世界。可事实上呢？我们的注意力正在悄无声息地被这些信息占据、消磨，可支配的时间变得越来越少，有限的精力被大量无用的东西白白耗损。

从第二生命形体学专业术语上来讲，注意力是视觉、听觉、嗅觉、触觉、味觉五大信息通道对客观事物的关注能力，是记忆、思维力、想象力、观察力的准备状态，也是大脑进行感知、学习和思维

等认知活动的基本条件。李笑来在《财富自由之路》里如是说道：
"和注意力相比，钱不是最重要的，因为它可以再生；时间也不是
最重要的，因为它本质上不属于你，你只能试着和它做朋友，让它
为你所用；而注意力才是你所拥有的最重要的、最宝贵的资源。所
以，你必须把最宝贵的注意力全部放在你自己身上。这可能是人生
中最有价值的建议——因为最终，你的一切价值，都是你的注意力的
产出。"

　　社会发展到今天，我们享受到了互联网带来的便捷，同时也无法
避免流量广告平台。就个人而言，如果你想要做成更多的事情，就要
学会控制自己的注意力。在一个人的发展过程中，全神贯注、集中意
念是至关重要的一件事。不夸张地说，全神贯注的能量犹如放大镜，
能够聚集太阳的光线，倘若太过分散，能量无法集中，很难看到奇妙
的效应。

　　不珍惜注意力的人，终其一生都在被收割，很难获得有价值的
产出。正如威廉·詹姆斯所言："我所专注的事情组成了我的经
历，而这些经历就是我。"你专注于什么，决定了你拥有的经历，
而你的经历决定了你的生活，你的生活又决定了你是一个什么样
的人。

　　当你把注意力放在了收发邮件、开会、闲逛网页、刷抖音、追
剧、玩游戏上，用不了几周或几个月，你的生活里就会塞满你不想

要的"经历"，而你却浑然不
知。待到醒悟的时刻，往往已
为时过晚，没有时间和精力再去
完成那些对自己有意义的事。

精力锦囊

注意力是你所拥有的最重要的、最宝贵
的资源，因为最终，你的一切价值，都是你
的注意力的产出。——李笑来

那么，如何来管理我们的注意力呢？这需要从控制外部因素与内部因素两方面入手：

·控制外部因素，降低电子设备或周围人的干扰

管理注意力，其实就是要对抗分心，并且在一天中尽可能地把时间和精力用在优先事务上。为了减少外部因素的干扰，可以不把电子设备放在手边、关掉邮件接收提醒以及网页推送，之后花专门的时间统一处理信息。与此同时，也要和周围的人设置一定的"界限"，当自己集中精力处理一件事时，可贴上"请勿打扰"的标签，或戴上减少噪声的耳机。

·控制内部因素，尽可能避免注意力偏离方向

当电子设备远离了手边，办公区域也贴上了"请勿打扰"的标签后，就要专注地做一件事，请记住：只打开一个工作窗口，全力以赴地完成这项既定任务，不要同时做多件事。如果在做事的过程中，有琐碎但重要的事情打扰，可将其迅速记在便签纸上，这样做的目的是将它们从大脑中清理出去，避免占据大脑空间。等处理完了既定任务，再来处理这些琐事。倘若出现了走神的情况，一定要即刻把注意力拉回来，让它重归正确的轨道。

深度工作是一种能力，夺回对注意力的控制，就是在夺回对人生的掌控权！

02 / 未曾体会过"心流"是一种莫大的遗憾

一次闲聊，朋友问我："逛街闲玩不耽误，一年高产N多篇文章，你有三头六臂啊？"

我倒真想有三头六臂，无奈就是一个普通的俗人，只有一个脑袋一双手。在找寻高效工作与高质量生活的平衡这件事上，我也走过不少弯路。特别是在刚入驻某平台成为签约作者和刚开通微信公众号的那一年，我就过了一段繁忙而焦虑的日子，每天花10小时在电脑前，稿子的字数却不见增加，工作进度慢得像蜗牛。

身为自由职业者，我不太受拖延症的困扰，可那段时间却出现了例外。仔细分析发现，大概是因为突然接触了两个新鲜事物，总忍不住想去看看。每天打开电脑的第一件事，就是去看评论留言，看其他文章。待真正开始工作时，已经一个多小时过去了。这还不算完，刚有点头绪，写了几百字，突然又想去看看，再次打开，把一些文章更新到微博，然后一个小时又过去了。一天下来，不知道要打开那些网页多少次，时间嗖嗖地就过去了，好像很不够用，但真正要做的事情，却被耽误了。眼看着截稿日期越来越近，积压的任务量越来越多，烦躁不安、焦虑紧张一股脑儿全来了。

当压力超过了潜意识能接受的临界值时，压力就会引发焦虑、抑郁和无力感，感觉无法再愉快地工作和生活了。工作的热情降到冰点，堆着一堆的事情，就是不想做，可越是不做，压力就越大，成了恶性循环。怎么办？我在意识到任务快完不成时，终于清醒了。

我把工作时间从每天的8点钟，提前了1个小时，7点开始正常工作。坐在电脑桌前，列出"今天"要完成的任务，在头脑高效的时间段里，心无旁骛地投入其中，除了查询相关资料，不玩手机，不开网页，专注地写稿。我个人的黄金时间是，上午的8:30~11:30，下午2:30~5:30，这些时间我尽量会用来工作和充电，剩余的时间可以稍作休息，去看看网页，处理下留言之类的。

再坚持了两三天以后，工作的进度明显就有了提升。更令我感到欣喜的是，排除了干扰、全情投入到写稿中时，我几乎是进入了"心流"状态，好几次落笔之际才发现，已经超额完成了既定任务。至此，我再度深刻地认识到，要使个人的生活质量、工作效率达到最大化和最优化，需要尽可能地让自己全身心沉迷于自己所做的事情，并连贯顺畅地持续下去。如果在工作和学习的过程中，未曾体会过"心流"，真的是一种莫大的遗憾。

到底什么是"心流"呢？这是积极心理学奠基人米哈里契克

森·米哈赖提出的一个经典心理学概念，指的是我们在做某件事情时，那种投入忘我的状态。仔细回忆一下，你有没有体验过米哈赖描述的状态："你感觉自己完完全全在为这件事情本身而努力，就连自身也都因此显得很遥远。时光飞逝，你觉得自己的每一个动作、想法都如行云流水一般发生、发展。你觉得自己全神贯注，所有的能力被发挥到极致。"

米哈赖在2004年的TED演讲《心流，幸福的秘诀》中，把人们对于"心流"的感受做了一个归纳，指出7个明显的特征。

特征1：完全沉浸，全神贯注于自己正在做的事情。

特征2：感到喜悦，脱离日常现实，感受到喜悦的状态。

特征3：内心清晰，知道接下来该做什么，怎样把它做得更好。

特征4：力所能及，自己的技术和能力跟所做的事情完全匹配。

特征5：宁静安详，没有任何私心杂念，进入忘我的境地。

特征6：时光飞逝，感受不到时间的存在，任它不知不觉地流逝。

特征7：内在动力，沉浸在对所做之事的喜爱中，不追问结果。

当我认真地去琢磨一个选题，把所有的精力都放在一篇稿子上时，我会进入"心流"的状态中，感觉时间已经不存在了，周围也安静极了，眼睛紧紧地盯着屏幕，手指在键盘上舞蹈，唯一看到的就是跃然在文档上的一行行字迹。整个过程是很流畅的，不会走神、不会停顿，完全是一气呵成。等整件事情完成后，深呼一口气，内心满满的成就感。

我很享受这种心流体验，但它总是可遇不可求。如果某一天，我非要强迫自己进入心流状态，刻意去寻找，反而更不容易进入专注的状态，甚至还会惹得自己焦虑不安，产生挫败感。后来，我特意针对这方面的问题去学习，发现要进入心流状态，是需要前提条件的。

条件1：目标清晰

我们先得清楚自己要做什么，有一个具体而明确的目标。这样的话，才不会胡子眉毛一把抓，让思想处于游离状态。以撰稿来说，我今天给自己设定的任务就是，要完成一两篇和精力管理有关的文章。有了这个目标之后，我更容易撇开那些与目标无关的信息，清除杂念，把注意力集中在要做的事情上。

条件2：即时反馈

人在玩游戏时会很容易进入心流状态，因为得到了即时反馈：每打完一局游戏，系统都会让你知道自己是输是赢，得到怎样的奖励，这也是很多人选择继续玩下去的重要动力。如果把这种模式转移到学习和工作中，也能收获莫大的驱动力，让自己更好地坚持下去。比如，在完成既定工作后，可以去听喜欢的书、看喜欢的电影，就会形成一种动力。

条件3：挑战与技能匹配

当我们的能力不足以完成一件任务时，就会感到焦虑；当我们的能力远超于任务所需时，就会感到无聊；当我们的能力与任务难度刚好匹配时，就有可能会产生心流。以我个人来说，在自身的能力水平和接到的任

精力锦囊

　　要使个人的生活质量、工作效率达到最大化和最优化，需要尽可能地让自己全身心沉迷于自己所做的事情，并连贯顺畅地持续下去。

务挑战都处于中高水平时，更容易进入心流状态。如果一个选题充满挑战，而我自身能力不足，为了打败焦虑感，我会努力去学习和了解这个领域的内容，提高能力应对挑战；如果一个选题比较简单，为了让自己重视起来，我会给自己设定新的高度，用更好的结构和写法来诠释。

　　优质的生活，不总是物质的享受；高效的工作，不总是延长时间。我们真正要去追求的，是更高层次的幸福体验。工作时全情投入，而不是用发朋友圈的方式去粉饰浪费时间的空虚感；休息时专注自己喜欢的事，享受真正的愉悦。在探索各种不同可能性的过程中，去发现更多面的自己，掌握更多的技能，在必须要做的事情中获得心流体验，让它们最终汇聚成一种掌控感。有了掌控感，才不会被生活推着走。

03 / 总惦记着面面俱到，往往什么也得不到

　　法国哲学家米歇尔·福柯很早就认识到一个事实："世界上最大的浪费，就是把宝贵的精力无谓地分散在许多事情上。人的时间、能力和资源都是有限的，不可能面面俱到。"然而，很多人并未听从劝诫，依然沉浸在令人心疼却又徒劳的"用力"中。

　　他们在思想层面是上进的，从来没有想过得过且过地混日子。正因为此，每天都在不间断地学习，或是听讲座、参加社群，或是读书、看报，或是花钱报培训班。可惜的是，此般"用力"并未换得多么傲人的成就，依旧在迷茫中望着一个不知明天在哪儿的未来。

　　这样的"用力"方式在令人心疼之余，也值得反思：为什么整天想着学习和进步，把自己累得一塌糊涂，却没有长进呢？反观有些人，看似没什么特别远大的志向，就是本分地把手里的事情做好，最后却换得了不错的结局，两者的差距在哪儿呢？

　　其实，答案早已经给过大家了：再强大的力量被分散在诸多方面，也会变得丝毫不起眼；再微弱的能量集中在一起，也能创造意想

不到的奇迹。在知识过剩的环境下，如果没有方向和目标，无法聚焦在一个点上，所学的东西都是多个领域的常识，而这些常识是无法成为个人优势的，充其量只是百度百科上阐述的概念。如果有了目标和方向，情况就不同了。我们会有选择性地对知识和信息进行"过滤"，只吸收那些对实现目标有帮助的内容。

人的精力是有限的，什么都想做的话，往往什么都做不好。学得太多、太杂，最后也是落得个凡事都"略知皮毛"的结果。很多时候，决定不做什么跟决定做什么同样重要。现在，很多人都在用iPhone，是苹果品牌的忠实粉丝。如果你认真解读并研究"苹果"的话，你就发现一个事实：苹果的核心不是"创新"，而是"专注"。至于最后的创新，不过是专注到了他人难以企及的程度罢了。

乔布斯认为，专注是一种能力，也是一种心态。他说："拥有专注力将改变你的人生。人们认为专注就是要对自己所专注的东西说yes，但恰恰相反，专注意味着要对上百个好点子说no，因为我们要仔细挑选。这就是我的秘诀——专注和简单。简单比复杂更难：你必须费尽心思，让你的思想更单纯，让你的产品更简单。但是这么做最后很有价值，因为一旦实现了目标，你就可以撼动大山。"

与我熟识的J姐姐，曾建议我加入她的保险团队，拓展一份副业。我本身对保险行业也有些了解，自己和家人的保单都是自行做的规划。所以，对于J姐姐的建议，我感到有些心动，希望能通过这个平台

精力锦囊

在知识过剩的环境下，如果没有方向和目标，无法聚焦在一个点上，所学的东西都是多个领域的常识，而这些常识是无法成为个人优势的，充其量只是百度百科上阐述的概念。

拓展自己的能力。

不过，我并没有当即就做出决定，而是慎重思考了一个月的时间。期间，有两位编辑找我约稿，详谈新一年的合作计划。面对这样的情形，我考虑再三，最终决定放弃加入J姐姐的团队，专心写稿子，业余时间巩固和学习心理学。原因有两点：第一，做保险需要对客户负责，虽然理赔之类的事宜是公司直接负责，但信任的业务员离职，对客户而言也会造成心理落差。第二，无论做不做保险工作，我都不可能放弃撰稿与心理咨询工作，在这两个领域不断拓展是我的长期目标。况且，这两项事务都需要耗费大量的精力，如果每周还要去保险公司打卡、开会、培训、冲业绩，我的身心都会吃不消。

人生就是不断地选择和放弃。当我意识到，我的精力和体力不足以支撑两份相隔甚远的职业时，我果断选择了瞄准核心目标，继续我的写作和心理学生涯。不然的话，我可能哪一项都做不好，毕竟身体是不会说谎的，心有余而力不足的痛苦，不是靠意志力能够解决的。

每个人在生活和工作中都可能会遇到类似的"诱惑"，以至于站在选择的岔路口纠结犹豫。因此，我们需要一个明确的核心目标，最好是一个长期的、能够发展成事业的目标。在面临选择时，如果这个选择与我们的核心目标相关，可以将其纳入计划列表；如果与核心目标毫无关系，甚至会影响到我们完成核心目标，占据一大部分的精力和体力，就要思量值不值了。切忌总惦记着面面俱到，那样的话，往往什么也得不到。

04 / 学会正向思考，拥有现实的乐观主义精神

星期一的早上，你晚起了半小时，没来得及吃早饭就出门了。好不容易到了公交站，却看到最关键的那个班次的车开走了。面对这样的情景，你的第一反应是什么？

（1）这一天，可真够倒霉的！

（2）今天的公交车司机怎么这么着急？多停一会儿不行吗？

（3）完蛋，又得迟到，又得扣钱！干脆甭去了！

（4）看看有没有出租车，心想打车去公司应该来得及。

（5）给老板发个消息解释一下，等下一班公交。

看到这些选项时，多数人可能都知道，后两项是比较妥帖的处理方式。然而，在成为当事人的那一刻，却只有极少数人会这样做，多数人的第一反应依然是前面的三个选项。然而，这种思考方式是值得警醒的，要知道当一个人被负向思维支配时，他对事物的解释永远都是消极的，并总能给自己找到沮丧、抱怨的借口，最终得到消极的结果。紧接着，这种消极的结果又会逆向强化消极情绪，使之成为更加

消极的人。沉浸在这种自我怀疑、自我设限的状态中，会让人陷入僵化思维的牢笼中精疲力竭，彻底丧失信心与希望。

媒体曾报道过这样一件事：一位在加拿大的中国留学生在多伦多跳桥自杀，留下一双未成年的儿女和无助的妻子。这位留学生曾是高考状元，在国内一所著名高校取得硕士学位，被破格提升为该校最年轻的副教授。后来，他到美国进修，并获得了核物理博士学位。

怀揣着博士学位的他，移居到了加拿大。本以为美好的生活即将拉开帷幕，不料却迟迟找不到合适的工作。他认为可能是学历资格不够，接着就在多伦多攻读了第二个博士学位。学成后的他，四处寻找工作，依然无果。万般无奈之下，他走上了绝路。

拥有双博士学位，在国外生活多年，有深厚的专业知识，他的条件比起那些没有任何技能、不懂英文的人要强百倍，可多少后者都在国外找到了自己的立足之地，而他却选择了放弃生命，放弃所有的可能。对此，心理学家分析说：人在出生后，内心犹如一粒种子，蕴含着无限的潜力和可能性，等待着自己去挖掘。要发挥这些潜能，学会正向思考、保持乐观的心态很重要。这位渊博多才的留学生，不是输给了能力，而是输给了负向思维。

对于同一个问题，换一个角度去思考，答案就会大相径庭。所以，我们要学会发掘并利用大脑正向思考的技能。那么，究竟何谓正向思考呢？是不是凡事都往好处想，就行了呢？

美国畅销书作家芭芭拉·艾伦瑞克在《失控的正向思考中》写到了自己的一段亲身经历：她最初关注正向思考，是因为自己罹患了乳腺癌。在治疗的过程中，她接触到了美国的粉红丝带文化。这种文化不允许患者表达悲观、失望与怨恨，盲目地鼓励患者乐观，并宣称乐观可以提高免疫力，治疗癌症。更有疯狂者，将癌症视为一种礼物，因为癌症令人乐观起来，积极地面对人生。

盲目的乐观与正向思考之间，有着很大的差别。盲目的乐观是不切实际的，是僵化的教条主义，它拒绝了人的自然情感的表达，阻碍了人们认清真相、分析现实的路径。盲目的乐观给人戴上了一副眼镜，掩盖了生活的方方面面，让人无法面对现实。

就拿罹患癌症来说，对任何人而言这都是一件令人悲伤的事，不去谈论它，假装忘记它，压抑住情绪、逃避现实、甚至将其视为"礼物"，能改变事实吗？对治疗疾病、改善情绪有实际的效用吗？不用多说，我们心里都知晓答案。

真正的正向思考，一定是扎根于现实的，我们要努力培养的也恰恰是这种现实的乐观主义精神。打个比方，一个人刚从严重的伤病中走出来，他必须要面对现实，面对即将到来的未来。他要回归到日常生活中去，了解哪些事情是可以做的，哪些事情是禁止的，哪些事情是可以慢慢尝试的。说白了，就是既不消极看待，也不盲目乐观，深刻地认清事实与真相，然后尽己所能地朝着好的方向去努力。

那么，我们要如何培养现实的乐观主义精神呢？

·列一张清单，创建现实的目标

面对现实的第一项任务，就是认识自我的局限性，知道哪些事情是自己能够做的，哪些是无法企及的，哪些是有可能通过努力获得的。把这些事情列出一个清单，有助于我们提升乐观主义的精神，因为清单能够让我们直观地看到许多事情是可控的，即便是那些有困难的问题也不是完全没有实现的可能。有了这份清单，就有了现实的目标，知道哪些是该摒弃的，哪些是值得花费精力去做的。

·跳出过去的失误，立足于当下

人们经常会沉溺于过去的错误与失误中，仿佛自己就是一个"失败者"，什么时候想起来都会感到懊恼。这是一种严重损伤精力的反刍思维，也是悲观消极的负向思维。现实的乐观主义者会怎样做呢？当一些回忆在脑海中浮现出来，他会告诉自己，这已经是当时的你所能做的最好的选择。那时候的你，没有足够的信息，抑或内心不够强大，那都不是你的错，没必要再为之自责。真正重要的是，从中吸取教训，在将来做出更好的决定。

·凡事要系统看待，了解事实与真相

很多人容易被负面消息干扰，殊不知传播很广的信息未必是事实，有可能只是他人的观点。每个人的认知都存在局限，因而越是重大的事件，越要系统地看待，判断信息的质量，了解信息的来源，认清事实与真相，再思考解决办法，而不是把精力白白浪费在那些看起来糟糕却并非事实的问题上。

精力锦囊

现实的乐观主义精神不是盲目的乐观，也不是毫无畏惧的鲁莽，而是认清了事实与真相、评估了现实的挑战之后，依然秉持勇往直前的决心，并为之采取积极的行动。

·做最坏的打算，朝着最好的方向努力

很多事情都是正反两面的，再坏的事情也有积极的一面。所以，处理问题要从好的方面入手思考，但也要尽可能周全地考虑到最坏的情况，并做好应对措施。换句话说，即便知道事态并不乐观，却依然能够采取积极的行动。

数据科学家Michael Toth曾对巴菲特从1977年至2016年间所有的致伯克希尔哈撒韦公司年度股东信的内容做过一个情感分析，结果发现，巴菲特完美地在乐观主义与现实主义之间做到了平衡。Toth于是说道："即使是在一些消极的情绪状态下，巴菲特也会努力想出解决方案，找到前进的正确道路。当事情进展不尽如人意的时候，他会非常轻松和坦诚地承认这一点。不管是伯克希尔哈撒韦公司的业绩不佳，还是宏观的市场不景气，他都能做到轻松地告诉别人这一点。"

·享受微小的成功，给自己更多的信任

很多人关注事物的消极面，往往是出于避免为自己的行为承担责任。如果把事情归咎于外界的环境或他人，就算做得不够好、不完

美，也不是自己的问题。毫无疑问，这是一种变相的逃避，现实的乐观主义者不会这样做，他们承认挫折会发生，也知道事情不总是完美的，但依然会为小小的成功而感到开心，并在积累小成功的过程中提升自信。

总而言之，现实的乐观主义精神不是盲目的乐观，也不是毫无畏惧的鲁莽，而是认清了事实与真相、评估了现实的挑战之后，依然秉持勇往直前的决心，并为之采取积极的行动。

05 / 灵感经常发生在不刻意寻找答案的瞬间

其实，早在2020年年初，我就打算撰写《精力管理：成就卓越人生的关键》这本书了，也开始着手构思整体的框架。遗憾的是，酝酿了一个多月的时间，文档上除了一个早就定下来的书名以外，再无其他，沮丧而焦虑的我，不得不放弃。

时隔一年，重新拾起这个选题，一下子就找到了灵感，行云流水般地构思出了现在的提纲。那一刻，我脑子里冒出了"最优体验"这个词，并深刻地感受到全情投入带来的兴奋感与充实感，并将下面的这段话摘录在日记本上：

"一般人认为，生命中最美好的时光，莫过于心无牵挂、感受最敏锐、完全放松的时刻，其实不然。虽然这些时候我们也有可能体会到快乐，但最愉悦的时刻通常在一个人为了某项艰巨的任务而辛苦付出，把体能与智力都发挥到极致的时候。"

为什么同一个选题，在年初的时候，花费了大量的时间和精力，却依旧一筹莫展；而到了年末，只是以尝试的心态重新拾起，思维却完全打开了？前后的差别，不只在于个人的认知，更重要的是个人的心态与大脑的状态。

2020年年初，我刚刚告别长达一年的高强度工作节奏，那一年完成了三个极具挑战性的项目，还有其他零散的小项目，精力体力严重透支。尽管"难啃的骨头"已经啃完了，但我的思维并未得到有效的恢复，想要重新在心流状态下完成新工作任务，根本不现实。

长时间连续工作并不是高产出的最佳途径，因为思考需要耗费巨大的精力。别看大脑只占体重的2%，但它需要人体25%的氧气供给。如果思维得不到足够的恢复，就会判断失误，降低创造力，甚至无法合理地评估风险。想要思维恢复，间歇休息是必不可少的。

如果你的手机里有运动软件，且里面有训练课程的视频，仔细观看一下你会发现：任何一项运动，在完成一组训练后，都会安排间歇休息，目的是让我们的体力得以恢复，继续下一组的训练。思维也是一样，需要用间断性的休息方式来获得再生的能力。

2020年年末，我在重拾这一选题时，内心是很平和的，身体的状态也很好。因为在过去的一段时间，我调整了生活与工作的节奏，一切有条不紊，在平稳中前进。所以，对于和精力管理相关的信息，都会让我快速地联想起生活中的细碎经历，或是萌生出一些感悟，然后就顺理成章地把这件事情做好了。

从事文字、艺术创作、科技研发的人，大都知道"灵感"是多么重要。只不过，那种突然间给头脑带来启发的感觉，犹如昙花一现，无法一直存在。有意思的是，几乎没有人会在工作中获得最佳灵感，反倒是沐浴、躺在床上、跑步、听音乐、做梦或度假的时候……会让人灵机一动，诞生一些奇思妙想。

即便是达·芬奇那样富有创造力又高产的艺术家，也需要定期放下工作，在白天里小憩一下，恢复思维精力。他在创作《最后的晚餐》期间，为了保持稳定的产出，有时会在白天花几个小时做梦，不管圣母感恩教堂的副院长怎么催促，他都坚持按照自己的节奏来。对于这样的做法，达·芬奇在《论绘画》中给出了答案："时不时离开工作放松一下，是个非常好的习惯……当你回到工作时，做出的判断会更加准确，而持续工作会降低你的判断力。"

间歇再生的价值，我们无须再赘述了。接下来要思考的问题是：间歇休息该如何进行呢？有什么办法能够让自己在有限的时间里，更多地迸发出创造性的灵感呢？

·结合自身的情况，找对间歇再生的时间

人的精力是一条波动的曲线，有高低之分。许多时间管理的书籍中提到的"黄金时间"的概念，与之如出一辙。在精力值处于高点的时候，要用来处理重要的事务，待精力值逐渐滑落至低点，自己感觉很疲惫时，就要用间歇休息来放松一下，让思维精力再生，重获灵感。

·找到并记住能够为你带来灵感的事情

在平日的生活中，多留意一下自己在做哪些事情的时候，既感到舒适放松，又能萌生出想法与感悟。如果有的话，将其作为灵感获取源，在间歇休息时不妨做这些事，帮助自己恢复思维精力。就我个人而言，看书、看电影、泡茶，都属于我的灵感产生机制。

·随时随地记录一闪即逝的灵感与想法

很多人都有过"忘记灵感"的遗憾，在做某一件事情或看到某一情景时，脑子里灵机一闪冒出了一些想法，但因为没有及时记录下来，过后怎么也想不起来了。鉴于此，我们要养成随时随地记录灵感的习惯，可以准备一个专用的小本，或是制订一份电子手账，把所有的都记录在案。休息的时候，不妨翻看一下，说不定当初的灵感会给现在的你提供有效的帮助。

现阶段，我正在尝试利用"番茄工作法"来进行思维调节，让精力源在独立分割的时间模块下得到缓冲、调整，最大限度地实现全情投入。这个方法很简单：每工作25分钟（一个番茄时间）后，休息5分钟，这个番茄时间是不可分割的，一旦中途中断了手上的工作，这个番茄时间就视为无效，需要重新开始计时。

休息的5分钟时间，可以离开书桌走动一下，或做一些简单的放松运动，都是很好的休息方法。我平常会利用这几分钟时间，给自己接一杯水，做两组开合跳，既完成了身体上的锻炼，又让大脑得到了休息。休息过后，再决定接下来是继续同一项任务，还是切换到另一项活动。这种"工作25分钟＋休息5分钟"的模式，能够让我进入一个有规律

精力锦囊

　　时不时离开工作放松一下，是个非常好的习惯……当你回到工作时，做出的判断会更加准确，而持续工作会降低你的判断力。——达芬奇

的工作节奏中，保证了一天的平均效率。在完成4个番茄的工作时间后，可以进行15~30分钟的大休，这样有助于保持充分旺盛的精力。

　　总而言之，不要长时间持续地工作，那不是一个好习惯，也无法让工作变得高效。我们要学会管理精力，在有限的工作时间里尽可能地实现全情投入，享受心流带来的优质体验。在这样的状态下工作才更具有创造力，并能产生幸福感，而不是拖着疲惫煎熬度日。

06 / 未完成的感觉会潜藏心底，占用心理空间

《少年派的奇幻漂流》里有一句经典台词："人生到头来就是不断放下，遗憾的是，我们来不及好好道别。"我相信，对生活有一定阅历的人，在看到这句话时，一定是深有感触的。从事心理咨询工作后，我也数次跟来访者探讨过这一话题，并强烈地感受到"未完成事件"的遗憾给人带来的创伤与痛苦。

未完成事件，是完形心理学中的一个概念，它不仅指那些没有完成的事，还包括强调个体情感需求被压抑，一种持续的、不被认同的状态。就心理咨询工作而言，处理最多的往往是后者，比如一段关系的结束、一个不告而别的人，总是令人难以接受。这种缺憾是持续的，因为没有做好充分的心理准备，对于这种不确定性的发生，会感到猝不及防，很难在短期内接受，继而引发焦虑和痛苦。

德国心理学家库尔特·考夫卡，曾经做过这样一个实验：将受试者随机分成两组，同时完成一道有难度的数学题，一组给予40分钟的解题时间，另一组只给20分钟的解题时间。结果发现，那些已经完成

题目的人，在第二天的回访中很快就忘记了题目的内容，而那些没有充裕的时间去完成测试题的受试者，依然能够清晰地回忆起题目的细节。因为在他们心中，那道没有做完的题，成为了未完成事件，占据了他们的心理空间，消耗着他们潜在的心理资源，有些人甚至在吃饭的时候，依然在回想并思考这道题。

在生命的历程中，有许多需求会因为各种原因未被满足，比如，小时候受到排挤而没有表达，被他人责备的恐惧没有被看见，自己喜欢的东西没有被满足，相恋很久的人最终离自己而去……为了缓解痛苦，个体通过压抑、搁置、忽略等方式来获得心理上的平衡，在此过程中消耗了大量的心理能量，积累的未完成事件越多，消耗的能量就越大，也就无法聚焦于当下，全情投入该做的事情，继而造成全新的未完成事件。

K女士昨晚和先生吵架，两人闹起了冷战，各睡一间卧室，早起又都各自忙着上班，谁也没有说话。其实，K女士已经意识到，昨天是因为她说了很多刺耳的话，才彻底惹怒了先生，她想了一晚上，颇为自责。K女士很想跟先生道歉，可早上起来看到先生一脸阴沉，也就没有开口说什么。

上班的路上，K女士的心里一直惦记着这件事，反复思索那些想说而未说的话，以至于差点儿坐过了站。到了公司，同事跟她打招呼，谈及工作上的一些安排，她虽点头示意，实际上心神恍惚，根本

没有记在心上。因为，她满心
满脑想的还是昨天和先生吵架
的问题，这个未解决的问题，
几乎占据了她全部的心思。

精力锦囊

　未完成事件，是完形心理学中的一个概念，它不仅指那些没有完成的事，还包括强调个体情感需求被压抑，一种持续的、不被认同的状态。

很多人都喜欢说："时间是最好的良药。"事实上，那些未能完成的、令人遗憾的、无法释怀的东西，时间无法替我们解决。多数人选择用这样的方式有意无意地去逃避面对心中的遗憾，最终的结果却被"未完成事件"所控制。没有人能真正逃开它们，只有真正接受心灵深处那些"未完成事件"，鼓起勇气重新经历它们，为每一个结果负责，才可能获得心灵上的自由。正所谓：只有到达才能离开，只有满足才能消退，只有完成才能圆满。

有人曾在白纸上画一段圆弧，结果发现，经过白纸的孩子多半都会很自然地拿起笔补上线段，让圆弧变成一个完整的圆。更令人惊奇的是，不只是小孩子，就连大猩猩也有这样的癖好。这些心理学实验都向我们阐述了一点：人类天生就有把事情做完，让需求得到完全满足的倾向。无法满足的需求，会一直牵引着我们心灵的注意。

在心理咨询中，未完成的情结一旦形成，通常要借助宣泄与补偿的方式来进行纠正。当事人要增加对此时此刻的觉知，认识并清理那些被压抑的情绪和需求，继而获得人格上的完整。如果我们在生活、工作和情感中发现了"未完成事件",可以通过专业的心理咨询,使潜意识意识化,重建对一些重大问题的认知,从而找到针对性的解决办法,如写一封私密的信、角色扮演、心理剧等,面对并接纳自己的过去,走出"未完成事件"。

同时,我们也要避免在当下的生活中继续制造"未完成事件"。在情感的问题上,要及时沟通解决,让压抑的情绪得到舒缓;在工作和学习的问题上,要杜绝拖延,任何时候都不要抱有"再等一会儿""有空再说、明天再做"的想法,该解决的问题、该完成的任务,立刻就去做,1秒也不要推迟。选择执行后,也当一气呵成,不要中途磨磨蹭蹭、拖拖拉拉,避免因松懈和懒散把既定的任务变成"未完成事件",为之消耗宝贵的思想精力与心理能量。

07 / 确保有限的精力，用在最重要的事情上

朋友凯文是一家广告公司的设计部主管，前段时间见面，他不停地跟我诉苦，说自己现在的状态完全就是"两眼一睁，忙到熄灯"。当时我还觉得他的形容有些逗趣，可细细听完才知道，他和公司里的不少人，每天都陷入在这种疲于奔命的状态里，身心交瘁。

说说凯文每天的工作情况吧！通常情况下，他要花费六七个小时琢磨设计方案，还要兼顾部门里的其他事物，经常是风尘仆仆地从外面回到公司，又急急忙忙地出去，设计部里的每件事他都要亲自参与，即便人不在公司，电话也会准时打来，否则他一百个不放心。

就算是这样，凯文的时间依然不够用，他的设计工作也受到了很大的影响，经常是到最后期限才拿出东西。由于事情太杂，很难静下心思考，他设计出来的方案也不是太理想，客户好几次都表示，他们公司的创意能力不胜从前了。

挫败感涌上了凯文的心头，他跟我说，都已经有转行的念头了。可在我看来，这份工作本身并没有太大问题，不然凯文也不可能坚持

这么多年。眼下的症结所在，是凯文担任了主管一职后，没有及时地转变角色，并对自己的精力进行重新调配。我提议，能否先不离职，尝试把大部分精力用在最重要的事情上，无关紧要的事交给助理或下属。

果不其然，两个月过后，凯文的状态好了很多。他说："原来每天都忙得脚底板朝天，真正有价值的事没做出多少。后来，干脆把小事、杂事都下放，果然效率高了很多，又慢慢找回了设计的灵感，作品比'赶'出来的那些强太多了！"

谁能在有限的时间里，最大限度地减少精力耗损，谁就是赢家。1897年，意大利经济学家帕累托偶然发现了英国人的财富和收益模式：80%的财富流向了20%的人群，而80%的人却只拥有20%的财富。尽管这个比例不是十分精确，但是大部分的价值比例在这个范围内有一定的波动。之后，他开始对此潜心研究，最后提出了具有普遍适用意义的"二八法则"。

所谓"二八法则"，指的就是80%的产出源自20%的投入；80%的收获源自20%的努力。用在生活和工作中，它带来的启示是：要把有限的时间和精力放在最重要的事情上，利用更少的时间做更多的事，即忙到点子上。

回顾生活中的一些问题，例如钉钉子，我们都知道盲目用力是不行的，必须把钉子垂直立好，让锤子的力量全都集中在钉子尖上，如此才能形成巨大的合力，让钉子钻进其他坚硬的物体中。所以，想要实现高效能，也得把时间和精力用在最具有"生产力"的地方，不能像老黄牛那样只知道低头拉车，不分轻重地蛮干、苦干。

精力锦囊

要实现高效能，必须要掌握"二八法则"，专注重要的、有价值的事情，合理分配自己的时间和精力，避免在琐碎事务上耗损太多。

你可能也听过这个测试：假如你的面前有一个铁桶、一堆大石头、一堆碎石、一堆细沙，还有一盆水，用什么样的方法才能把它们尽可能多地装进桶里。很显然，用不同的方法，装进去的东西多少是不一样。最优的办法是，先把大石头放进去，当铁桶"装满"后，再放碎石，碎石会沿着缝隙落下；而后再把细沙填进去，最后往里面加水，水就能融进沙子里。这样一来，铁桶里的每一寸空间都被充分利用起来。

我们的精力就如同这个铁桶，要处理的事务就像石头、碎石、细沙和水。石块象征着重要又紧急的事务，碎石象征着重要但不紧急的事务，细沙象征着紧急但不重要的事务，水象征着不重要也不紧急的事务。把这些事务有条理地归纳好，合理分配花费的时间和精力，才能改变混沌无序的窘境。故而，要实现高效能，必须要掌握"二八法则"，专注重要的、有价值的事情，合理分配自己的时间和精力，避免在琐碎事务上耗损太多。

08 / 深层价值与目标是一种独特的精力源

美国的"9·11事件"，让原本有1000人的坎托公司失去了2/3的员工，公司的IT系统和大量数据也遭到了严重的破坏。在人财俱损的处境之下，没有人知道，坎托公司能否继续生存下去。那些幸存的员工，虽然保住了性命，可他们全都被震惊、悲痛包裹着，心灵上遭受了极大的创伤。

事件发生几天以后，坎托的董事长宣布：在接下来的五年里，把公司利润的1/4全部送给遇难员工的家属。听到这个决定后，那些幸存的员工备受鼓舞，也开始重新振作起来。因为他们不再只是为了自身的经济需求而为公司服务，还有一个自身利益之外的目标激励着他们。然后，这些员工开始每天工作12~16个小时，甚至一些已经离职的员工在"9·11事件"之后，也开始主动要求回来。

正如乔安·席拉在《工作生涯》中所写的那样："如果工作的内容是帮助他人、减轻痛苦，让我们变得健康和幸福；或者它能从美感、智力方面丰富内心，改善我们生活的环境。"坎托公司的员工沿着这一条路，发现了过去从未调动过的情感资源，同情、怜悯、耐心、毫无怨言地忍受艰苦的临时的工作环境，且这些情感资源也在一点点地帮他们抚平创伤。

这也印证了一个事实，人的意志经历来自深层价值取向与超越个人利益的目标。换而言之，只有真正深刻地关心自己所做的事，找到真正的使命感与目标，才可能做到全情投入。相比外部的金钱、社会地位、认同感等外在动机而言，这是一种内在的动力，它来自对事物本身感兴趣，且能够带来内心的满足感。多切斯特大学人类动机研究组发现，相比只有单纯的外部激励而言，人一旦拥有了自发产生的内部动机，在做事的时候就会变得更热情、更自信，更有恒心与创造力。

三年前，在朋友的介绍下，我访问了广州的一位美业咨询公司的总裁。她是2005年踏进美业行业的，至今已有15年。最初，她是自己开设了一家美容美体中心，在经营管理的过程中，她一直不间断地参加培训和学习，又结合自家门店出现的种种问题，开始对内部员工进行系统培训。经过几年的努力，她的店做得有声有色，并开设了两家分店。

看到她把美容院经营得这般出色，周围的同行开始主动向她取经，而她也慷慨大方地与人分享自己的心得。在外人看来，她的做法会不会导致"教会徒弟饿死师傅"呢？对此，她并没有太在意，在之前的几年时间里，她的门店营业收入一直稳步增长，但这种增长带给她的喜悦和满足出现了边际递减效应，而传授学习知识与经营门店的方法却带给了她强烈的满足感和不断学习的动力。

　　她深爱这个能够给人带来愉悦和幸福的行业，也更愿意为这个行业做点事情，帮助到更多的美业同仁。于是，她将自家的门店事务交由亲信打理，自己创办了美业咨询管理公司。如果说，过去的她只是想做一番属于自己的事业；那么今天的她，却已经超越了个人利益，赋予了自己的生命以全新的价值和意义，因为她所做的一切不仅仅是为自己，而是有了一份利他之心。她要带领自己的企业和员工，践行一个使命：培养高素质的美业人才，为中国美业贡献力量。

　　对她而言，这不仅是所做之事和身份上的转变，更重要的是价值系统的转变。她说："如果一切只是为了利己，就会把自己的利益视为最重要的东西，而枉顾其他人（客户）的利益。正因为此，才导致美业行业乱象横生。这样做下去，会越来越辛苦，路也越走越窄，从业者会变得更加急功近利、情绪暴躁，根本无心做好服务。有了利他之心就不一样，你所做的每一件事，初衷都是为了带给别人帮助，在成就别人的同时，也成就了自己。两种互动模式截然不同，后一种会让你越做越有热情……"

　　在这位美丽优秀的女性身上，我深刻地理解了马云说过的一番话："生意人是为利益而活着，有钱就赚；商人要做到有所为，有所不为，商人把握机会。企业家以天下、改变社会为己任。"同时，这也从另一个角度诠释了，深层价值取向是一种独特的精力源。财富、权力、名利等都是促进人采取行动的动机，但都属于外部激励，影响和效用是有限的；唯有找到内心最坚定的价值取向，才能做到全情投入、高效产出，并源源不断地创造满足感。

芸芸众生中的我们，也许尚未有过创业的经历，也没有带领企业找寻使命和愿景的机会，但这并不妨碍我们在生活中理解并运用这一精力法则。

精力锦囊

把注意力放在自我成长与精进技能上，那么就算环境不够理想，遇到了挫折与否定，也依然能够做到正视问题、解决问题，将一切视为考验和经历。

比如，一位女士有吸烟的习惯，好几次都下定决心要戒烟，却都以失败告终。终于有一天，她开始渴望成为母亲，并由此想到了吸烟对孕育孩子的各种不利影响，以及孩子出生后看到自己吸烟的感受……她的内心受到了强烈的触动，开始了唯一一次不同以往的戒烟行动，虽然过程中的戒断反应依旧让她抓狂，可正如尼采所说："知晓生命的意义，方能忍耐一切。"这就是深层次价值取向带给她的动力，她所做的一切并不只是为了自己，还有另外一个与之息息相关的生命。

就工作这件事来说，也存在深层价值取向的问题。如果你内心认为，努力工作、做出成绩，就是为了赢得老板的好评，在公司里深得器重，那么一旦有了意外情况——薪水降了，工作不被老板认可，极有可能你就会丧失努力工作的意愿，被沮丧和怨怼的情绪缠绕。当精力被负面情绪耗损掉之后，你的工作表现会大打折扣，让情况越来越糟，陷入恶性循环。

问题的症结在哪儿呢？很简单，就是将自身的价值完全交给了外人来评判。如果努力工作的目标只为了取悦老板，赢得赏识，失望是不可避免的。倘若把注意力放在自我成长与精进技能上，那么就算环境不够理想，中途遇到了挫折与否定，也依然能够做到正视问题、解决问题，将一切视为考验和经历。坚守自己的价值观，为了目标而努力，往往能够给人以力量，不被怨怼、不安的情绪困扰。

如果没有使命感与目标，我们很容易迷失在无常的生活风暴中。只有建立深层次的价值取向，让使命感从负面变成正面、从外部转向内部、从利己拓展到利他时，我们会获得更强大、更持久的精力，并获得更深一层的满足感。

Part 6

正视现实

——对生命中的一切说"是"

01 / 否认与自我欺骗，都需要消耗精力

你有听过这句话吗？人类是自我欺骗大师，总是欺骗自己去相信错误的，而却拒绝相信真相。这不是刻意讥笑，也并非言过其实。像所有的生命系统一样，人类已经进化出多种机制来抵御生存与躯体完整性的威胁，心理防御就是其一。

所谓心理防御，就是为逃避痛苦而向自己撒谎。通过这样的方式，我们得以将那些无法接受的想法和感受，排除在意识之外。20世纪50年代，美国社会心理学家利昂·费斯汀格提出了著名的认知失调理论，它就是一种较为隐秘的心理防御策略。按照费斯汀格的说法：一个人的行为与自己先前一贯的对自我的认知产生分歧，从一个认知推断出另一个对立的认知时而产生的不舒适感、不愉快的情绪。这里的"认知"指的是任何一种知识的型式，包含看法、情绪、信仰，以及行为等。

我们总是希望自己的心理处于平衡状态中，可生活中总有一些东西是求而不得的，这个时候就会出现认知失调。为了重新达到心理平

衡的状态，我们必须想办法去降低目标的诱惑性，或转移自己的注意力。就像伊索寓言里那只"吃不着葡萄说葡萄酸"狐狸，它本以为自己有能力摘到葡萄，结果却大失所望。在发现理想与现实的差距后，它的心理产生了失衡，为了解决这种失衡，它采取了自我安慰的方式：葡萄是酸的，没摘到也不可惜。

我们对自己撒谎，是因为害怕真相，没有足够的心理承受力去承认事实，并处理随之而来的结果。于是，自我欺骗就成了最好的遮挡牌。然而，这种方式根本无法解决问题，也无法改变现状，令人不悦的现实并不会因为我们将其挡在意识之外就自行消失。

否认和自我欺骗如同一针麻醉剂，让我们暂时不必承受真相带来的痛苦，但它需要我们耗费大量的精力去美化自己，为自己的现实行为找各种理由。换句话说，就是要耗费大量的精力来克服"认知失调"，即自己认为自己（或事实）是这样的，然而现实行为折射出的自己（或事实）却是相反的。

M刚刚过完40岁生日，可她却并不愿意承认自己的真实年龄，也排斥别人跟自己谈论这一话题。她一直坚信自己看起来至多三十岁，为了突显"少女感"，她很少买成熟干练的女装，而更热衷于色彩亮丽、款式修身的少女装，每天早上要花一个多小时来化妆，用厚重的粉底和浓浓的眼线来掩盖微小的瑕疵与细纹，就连说话有时还要刻意地装一下"年轻"⋯⋯她只在意别人看她是否年轻，其他的一概不

感兴趣。可也是这件最在意的
事，经常让她陷入负向情绪的
困扰中。

没有人能阻挡年岁的增
长，衰老也是一种自然法则。

如果不肯承认这个事实，把时间和精力耗费在自我欺骗与逃避上，完
全是徒劳。女人的美不只是一张年轻的脸庞，与其苦苦抓着无法逆转
的年龄不放，不如增加个人涵养、充实内在的才学，好好规划后半生
的时间，创造更加丰盈的生命体验。

自我欺骗与逃避，无法带我们迈向新的开始，只会让生活在原
地打转。就算不去看、不承认那些事实，事情也不会如想象得那样发
展。真正可以解决问题的途径是承认现实，通过有效的方法，来减少
认知失调。

我们以减肥这件事为例：你希望拥有一个健康的身体，保持标准
体重，因此开始了减肥计划，决定少吃高热量的食物。然而，当朋友
约你一起喝下午茶，并将一份蛋糕递到你面前时，你忍不住吃了一大
块。这个时候，你想要减肥的态度和你吃了高热量食物的行为产生了
矛盾，引起了认知失调。

你可能会安慰自己说：偶尔吃一次没事，应该没事，脂肪也不是
一天涨上去的。但是，这种偶尔的次数多了，减肥的计划通常也就失

败了。面对这样的情况，我们该怎么办呢？换而言之，要如何正确地应对认知失调呢？

· 方法1：改变态度

改变自己对戒掉甜品的态度，让它与你之前的行为保持一致。你可以坦然地告诉自己：我真的很喜欢甜品，我并不想真正地戒掉它。承认事实，告诉自己情况就是这样，便不用再背负更多的心理压力；倘若非要忍痛割爱，一旦发生上述的情况，就很容易产生自责、懊悔的情绪，这是很消耗心力的选择。当你不去抗拒甜品，而是把关注点放在"量"上时，你会发现更容易保持少摄入甜品的行为。

· 方法2：增加认知

如果两个认知不一致，可以通过增加更多一致性的认知，来减少失调。比如，甜品能够给我带来满足感，享受甜品的时候，会有一丝幸福流过心间。

· 方法3：改变认知的相对重要性

让一致性的认知变得重要，不一致的认知变得不重要。比如，享受生活与美食带来的愉悦与幸福感，培养健康的生活方式，比用强制性的节食来减肥更重要。

· 方法4：改变行为

让自己的行为与态度之间不再有冲突。比如，我要计算清楚自己的基础代谢，清晰地记录自己所吃的每一份食物（包括甜品），保证所摄入的热量不超过基础代谢。如果热量摄入稍高的话，可借助运动的方式将其消耗掉。

当我们不再否认和自我欺骗时，大量的精力就得到了释放。我们可以利用这些精力，去完成一些可以看得见的改变，而不再为掩饰和逃避分心分神、无谓内耗。

02 / 所有被压抑的东西，不会真的离我们而去

明明意识到了某些东西，却不愿意承认它的发生，并极力掩饰和否认自己真实的感受，逼迫它们不得不进入潜意识，这是典型的逃避和压抑。弗洛伊德认为，压抑的本质就是在意识中避开某种东西，它可能是某种接受不了的情绪或强烈需求，也可能是现实中不愿承认的看法。然而，那些被压抑的东西，真的会离我们而去吗？

第一次见到来访者L，她衣装得体，礼貌有加，给人一种很有素养的感觉。随着接触的深入，我也了解到，她是个心思缜密、考虑周全的人。然而，任何特质过了头，都可能会引发负面的效应，L来寻求帮助的原因正是她过于细腻，对什么事都感到焦虑。

最初谈及婚姻时，L声称自己和丈夫的关系很好。但随着沟通的深入，她和丈夫的情感问题便浮现出来，她说丈夫经常频繁地提道一点，说她笨手笨脚，总把事情搞砸。作为咨询师，在跟L交流的过程中，我看到了L处于无意识的愤怒状态，这种愤怒并不是婚后才有，而是在早年的成长经历中积压而来的。

L的母亲是一位中学物理教师，且是家庭的权力掌控者，不允许家人对她的决定有异议，或是表达愤怒。她的父亲性格懦弱，对母亲言听计从，压根没有给她提供过情感庇护。在自己的亲密关系中，L无意识地对丈夫积压了很多愤怒，可是原生家庭从来没有教过她如何化解这些感受，她也就压抑着对愤怒的感知。

通过十几次的咨询工作，L慢慢意识到，原来丈夫说的"笨手笨脚、把事情搞砸"，让她重复体验了与早年相似的情绪感受。她的内心积压着无法承受和表达的愤怒，而这正是她要慢慢学习如何与之共处的课题。

人为什么会压抑自己原本可以意识到的东西，并逼迫它们不得不进入潜意识呢？

第一，回避早年给自己带来过伤害的记忆，不去想那些让自己感到痛苦的事情，竭力不让它们浮到意识层面。L女士的情况就属于这一种，早年在原生家庭里受到的痛苦太强烈，被她强行压抑不去触动，但潜意识里却没有忘记。

第二，与过去形成的道德观念相冲突，认为一些想法和情绪是可耻的、罪恶的，不敢流露自己的潜在愿望。有个男生在青春期性冲动比较强烈，但从小的家庭教育告诉他，性是一件卑鄙下流的事，所以这个男生就把有关性的想法和欲望都压抑了。尽管意识层面在克制，但他见到女生还是会不由自主地去往性的方面想，同时又担心别人发现自己的异常，继而产生了严重的自责、自惭心理，致使不敢和女生正常沟通交往。这种由于认知偏差导致的非理性的压抑，对男生造成了极大的情绪消耗。

第三，为了赢得他人的认可与赞赏，试图抑制某些自然生发出来的想法与情绪，不愿承认自我真实的一面。我曾经深受过"鸡汤"的毒害，力求自己在任何情境下，都能成为一个性情美好、情绪稳定的人，似乎只有这样才是美好的。一旦我愤怒了、发脾气了、怼别人了，就会萌生负罪感，并为此心神不宁，怕自己不被喜欢，被人评头论足。为了减少这样的情形发生，哪怕我不开心，也会默不作声，并劝慰自己"想开点儿"。结果，情况非但没有变得更好，反而让自己更难受……经过几年的自我成长，我已经不再为之纠结了，真实的感受是需要释放的，性情美好的我与表达生气不满的我，只是不同情境之下的我，仅此而已。

压抑对人的伤害是巨大的，因为它不只出现一次，而是一个过程，需要不断地消耗精神能量，以保证被压抑的东西不再回到意识中去。然而，所有被压抑的痛苦经验或冲突，并不会真正消失，也不会真的离我们而去，而是从意识领域转入潜意识领域，还经常以另外的形式表现出来，比如夜晚的梦魇、酒后吐真言、拖拉推诿，都是那些被压抑到潜意识里的想法或欲望，趁着意识的控制能力较弱时冒出来的现象。

当意识与潜意识长期处于割裂与冲突状态，内在的需要始终未被满足，精神压力得不到有效的释放，就会让人陷入负向情绪的旋涡，严重时引发

> **精力锦囊**
>
> 压抑对人的伤害是巨大的，因为它不只出现一次，而是一个过程，需要不断地消耗精神能量，以保证被压抑的东西不再回到意识中去。

心身疾病。荣格曾说："潜意识正在操控着你的人生，而你却误以为那是命运。"从某种意义上说，我们的人生是被潜意识所限定的，庆幸的是荣格也给了我们解锁的答案："当潜意识被呈现，命运就改写了。"

那么，如何让那些被压抑到潜意识里的东西，浮到意识层面呢？

· **Step1：觉察每一次给自己造成熟悉的"挫败感"的来源**

当对方没有及时回复消息时，你感到很愤怒，那你要去对这个愤怒情绪进行追根溯源，深刻地认识到它是怎么来的？背后隐藏着你怎样的需求和感受？

· **Step2：直接表达自己的感受、情绪和需要**

就上述问题而言，可以这样表达：你没有及时回我消息，让我想到了小时候父亲不告而别的情景，我很害怕再次被抛弃。这是我自己的人生功课，需要时间慢慢学习，但也希望下一次你有事时，可以简单告知一下，这样会让我感到安心，能够专心、踏实地去做自己的事。

刚开始用这样的方式来表达，可能会感到很不适应，毕竟要克服屈辱感是一件不易之事。但我们要尝试改变认知，这不是在向对方讨要什么，而是一个成年人在用成熟的方式表达自己的诉求，仅此而已。

· Step3：认清事实与观点

哲学家罗素说过："不管你在研究什么事物，还是在思考任何观点，只问你自己，事实是什么，以及这些事实所证实的真理是什么。永远不要让自己被自己所愿意相信的，或者认为人们相信了，就会对社会更加有益的东西所影响，只是单单地去审视，什么才是事实……"这是在提醒我们，要看清楚哪些负面情绪是发生在当下的事情导致的，哪些是过去的创伤导致的，只有区分清楚，才能真正地活在此时此刻，为自己的情绪和行为负起责任。

心理学家托马斯·摩尔说："对一个人最好的治疗，就是拉近他与真实的距离。"自我成长是一个终身的课题，成长不是为了让别人舒服，而是让自己活得不那么痛苦和拧巴，把精力投入在真实、美好的事物上。

03 / 诚实地面对生活中的痛苦事实与经历

巴塞尔·范德考克是世界知名的心理创伤治疗大师，也是波士顿大学医学院的精神科教授，在拜读他的著作《身体从未忘记》之后，我对心理创伤有了更加丰富与深刻的理解。他在文中提供了美国疾病预防与控制中心的一项调查研究报告，看得令人揪心：1/5的美国人在儿童时期遭受过性骚扰；1/4的人被父母殴打后身体上留下疤痕；1/3的夫妻或情侣有过身体暴力；1/4的人同有酗酒问题的亲戚长大；1/8的人曾经目睹过母亲被殴打。

这些数据并不只是数据，背后是一个个被创伤包裹着的生命。也许，其中的一些经历会随着时间流逝掉，但有些创伤却被"烙"进了大脑和身体里。文中讲到一位名叫汤姆的退役军人，他曾在美国海军服役时上过越南战场，并在枪林炮雨中幸存了下来。复员后，他像正常的青年一样结婚生子，事业有成，生活看起来还算不错。但是，每到美国国庆日那天，夏季的燥热、节日的烟火、后院浓密的绿荫，都会让他想到当年的越南，并彻底崩溃。仅仅是烟花爆炸的声音，都会让他陷入瘫软、恐惧和暴怒之中。他不敢让年幼的孩子待在自己身边，因为孩子的吵闹声会让他情绪失控，为此他总是独自冲出家门，以防止伤害到孩子。唯一的释放方式，就是把自己灌醉，开着摩托车飞速疾驰。

就算不是国庆日，只是平平凡凡的日子，汤姆也无法安然入睡。梦，经常会把他拉回到危机四伏的境地中，他被可怕的梦魇折磨得不敢入睡，经常整夜整夜地喝酒。战争已经结束多年了，为什么汤姆内心的战争一直没有停息？

巴塞尔·范德考克做出了这样的解释：遇到伤痛后，多数人会极力试图把这些记忆清除掉，努力表现得像什么都没有发生一样，继续生活。然而，大脑并不擅长否认记忆，即便伤痛过去很久，它也会在极其微弱的危险信号刺激下，产生大量的压力激素，引起强烈的负面情绪和生理感受，甚至产生不可控的行为。

不是只有上过战场，经历过异常可怕的事情，我们的内心才会留下伤口。那些超越了我们日常生活经验的、完全击溃个人正常处理问题的能力的事件，都属于创伤性事件。比如，成长过程中经常被父母苛责、打骂；无意中目睹一次严重的车祸；亲人意外离世……这些事件给人带来的心理刺激强度过大，超出了承受范围，而又没有得到正确的处理，就会形成创伤性应激障碍（PTSD）。

创伤性应激障碍（PTSD）对人的身心影响是破坏性的，它让人无法安心存活于当下，总是一遍遍想起最害怕、最折磨自己的那段历程，出现情绪沮丧、过分敏感、注意力下降等状况，难以回归到正常的生活轨道上，对身心的耗损极大。

创伤性应激障碍（PTSD）有三大核心表现，这也是判断一人是否患有PTSD的依据：

·强迫反应

个体在清醒或睡眠时，创伤记忆强行进入脑海，以闪回或噩梦的形式重现当时的事件场景，让个体不断地重复体验当初的情绪和感受，强烈程度近乎没有差别。

·回避反应

个体努力回避对经历过的创伤的谈话、回忆、询问，努力不去接触与之相关的人，不去发生事件的地点，出现"遗忘"事件细节的情况，把原本关心的人和事的情感埋藏起来，与他人保持距离，有强烈的孤独感，不愿参加社会活动。

·唤起反应

个体变得易激惹，容易受到惊吓，出现紧张、失眠和焦虑的症状，对小事反应过度，注意力无法集中。

从心理学多角度来说，大部分临床工作者都认为，PTSD的患者应当直面最初的创伤，处理紧张情绪，建立有效的归因方式来克服这种障碍产生的损害。巴塞尔·范德考克也曾提出过类似的忠告："我们痛苦的最大来源是自我欺骗，我们需要诚实地面对自己的各种经历。如果人们不知道自己所知道的，感受不到自己所感受到的，就永远不能痊愈。"

从治疗效果上看，PTSD的预防比事后干预更好一些，因为患者一旦选择性遗忘一些经历，事后的干预治疗会变得更加困难。相关统计数据显示，在经历了严重车祸并明显患有PTSD风险的病人，在接受了12次认知疗法后，只有11%的人患上了PTSD；而那些只收到了自助手册的人，发病率却高达61%。

活在世间，每个人都会迎来这样那样的不如意，遭受难以忍受的苦难，且多数时候也不是我们能够控制的。可正如维克多·弗兰克尔在《活出生命的意义》中所说："在任何特定的环境中，人们还有一种最后的自由，就是选择自己的态度。"是的，我们可以选择如何应对苦难，是困在其中、画地为牢，还是勇敢面对、找寻方法治愈，重拾生活的美好。

创伤的确可怕，但更可怕的是往后余生都困在创伤之中。疗愈创伤的过程，就是释放当初积聚在体内的能量，允许自己去完成当初未能表达的感受。当这些能量被顺利地释放出来，我们将如获新生，更有精力投入此时此刻的生活。

精力锦囊

PTSD疗愈的过程，就是释放当初积聚在体内的能量，允许自己去完成当初未能表达的感受。当这些能量被顺利地释放出来，我们将如获新生，更有精力投入此时此刻的生活。

04 / 从面具后面走出来，勇敢面对真实的自己

在心理咨询室里，我们会接触到各式各样的人：有被情感和婚姻折磨得苦恼不堪的女性；有学业和生活一塌糊涂的年轻学生；有被顽皮行径搞得焦头烂额的父母；也有担任要职却因过分焦虑而严重影响工作的专业人员……他们所处的情境不同，苦恼的原因也不太一样，但在这些差异后面，却有着一个共同探求的核心问题：我到底是什么样的人？我怎样才能接触到隐藏在表面行为之下的真正的自己？我怎样才能真正地成为我自己？

美国人本主义心理学家卡尔·罗杰斯认为，每个人的心中都有两个自我：一个是自我概念，即真实自我；一个是打算成为的自我，即理想自我。如果两个自我有很大的重合，或是相当接近，人的心理就比较健康；反之，如果两种自我评价间的差距过大，就会导致焦虑。

如何来应对这种焦虑呢？很多人选择了给自己戴上一副"人格面具"，花费大量的精力去经营自己的人设。从本质上来说，这也是一种心理防御，目的在于呈现出一个相对理想和完美的形象，以避免用

真实的自我示人。这个理想形象的出现，看似是可以补偿对真实自我的不满，但最终的结果却是，更加难以面对真实的自我，更加蔑视自己、厌恶自己，因为把自己过分"拔高"了，现实中的自己根本无法企及。在理想化自我与真实自我间痛苦挣扎，在自我欣赏和自我歧视间左右徘徊，既迷茫又困惑，找不到停靠的岸。

日本综艺节目《NINO桑》曾爆料过"网红"西上真奈美的真实生活，令人唏嘘不已。

西上真奈美的职业是模特，拥有二十几万的粉丝。她在Instagram上的"人设"，满足了无数年轻女性理想自我的模样：每天都穿着漂亮时尚的衣服，吃着精致健康的食物，住在干净整洁的家里，时常与亲密知心的好友小聚……身处于被压力包裹的时代，谁不希望能在颠簸的生活中找到一处可栖息的角落，活成自己喜欢的样子，和喜欢的一切待在一起呢？只是，这样的美好画卷真的可以实现吗？

节目组在跟拍西上真奈美以后，惊讶地发现，那幅美好的画卷只是泡沫，她的真实生活并非如此。那些摆在桌上的沙拉，从头到尾都只是在拍照，西上真奈美压根就没有动过筷子。她直言说道："我其实特别讨厌蔬菜沙拉，只是它看起来色彩缤纷，所以就点了……"明明只有一个人吃饭，却偏偏要点两份，只是为了看起来像和朋友一起出来的。

走进西上真奈美的家，简直让人瞠目结舌，脏乱不堪到无处下脚。至于社交平台上的那些美照，不过是把东西拨开，露出来的一个小角落罢了。那只经常出境的小狗，也不是她亲自照料，都是父母在养，偶尔拍个照给她，发出来秀一秀而已。

精力锦囊

　　饰演理想的自我，戴着人格面具生活，是一件极其耗费心力的事。因为你不仅要苦心维持那个虚假的理想自我，还要承受真实自我被他人看到的恐惧与担忧。

　　经常与西上真奈美一起出现在社交网页上的好友，并不是她的闺中密友，全是她从街头随便拉来的路人。那些看起来热闹非凡的聚会，也都是花钱请人来客串的，为的就是维持自己"社交达人"的人设。在现实生活中，西上真奈美根本没有朋友。

　　在节目的尾声，有嘉宾问西上真奈美："每次请客来组织聚会，开销会不会很大？"西上真奈美说："我家里很有钱，所以……"到了这个时候，她还在维持那个早已坍塌的"家境好、人漂亮、有情趣、会生活"的人设。

　　这个节目播出后，一片哗然。很多人是无意识地以理想自我示人，是因为早年的成长经历所致，也尚在情理之中；而像西上真奈美这样，在设计好的角色中去饰演"看起来美好"的人生，完全是自欺欺人。既是人设，就有崩塌的可能。当这个"理想自我"遭到别人的攻击时，就会本能地去维护那个理想自我的形象，处于无意识的自我防御中，从而迷失自我。

精神学家爱德华·惠特蒙说: "我们只有满怀震惊地看到真实的自己, 而不是看到我们希望或想象中的自己, 才算迈向个人生活现实的第一步。"卡尔·罗杰斯也说过: "如果我与人接触时不带任何掩饰, 不企图矫揉造作地掩盖自己的本色, 我就可以学到许多东西, 甚至从别人对我的批评和敌意中也能学到。这时, 我也能感到更轻松解脱, 与人也更加接近。"

饰演理想的自我, 戴着人格面具生活, 是一件极其耗费心力的事。因为你不仅要苦心维持那个虚假的理想自我, 还要承受真实自我被他人看到的恐惧与担忧。想要从这个深渊里解脱出来, 就要拆掉所有的防御, 接近自己的本来面目。直面真实的自我是一种挑战, 却也是让我们步履轻盈过生活的唯一途径。当我们不需要再遮遮掩掩, 不再畏惧以真实的自我示人时, 大量的精力就得到了释放, 让我们将其集中在可以改变的事物上, 用心去体会充满情感、有血有肉、起伏变幻的生命过程。

05 / 不带自我同情的诚实是一种残酷

S是一位自媒体作者，文笔出众，分析问题的视角独特，我忍不住收藏了她的好几篇文章。由于她笔不辍耕，更新频繁，总有令人惊艳的文章推送出，因此各个平台的粉丝增长得很快，阅读量也越来越高，不少文章还被大V转载。

当S的自媒体之路越走越宽之际，广告商也开始联系她。不过，S是很有原则的，并非任何广告都接，担心影响读者的体验。她深知自己是情感领域作者，在精挑细选后，在公众号推荐了一款台灯，也赚到了自己的第一笔广告费。这本是一件好事，可没想到，推文的第二天，就遭到了不少粉丝的谴责："没想到你也开始接广告了""哎，终究没能敌得过铜臭的诱惑""果断取关，初心也不过如此"……诸如此类。

S望着那些扎眼的评论，心里五味杂陈，她说："感受很复杂，有委屈，有愤怒，有焦虑，也有憎恶。"是的，她没有回避这些真实的感受，但在承认了这些情绪反应之余，她又补充了一句："还有一点儿愧疚和自责，觉得自己好像做错了什么。"

　　我问她："能不能具体说一说这种感觉？"她想了想，而后带着不太确定的表情，缓慢地说："似乎是我就应该安心地写文字，把有价值的想法输出，不应该和钱扯上任何关系。'赚钱'的想法和欲望，似乎不该出现在这里，好像很庸俗。"

　　我又问："你在看别人的公众号里推送广告，或者付费阅读时，有这种感受吗？会觉得他们庸俗吗？"她摇摇头，说没有，为知识付费也是对劳动成果的尊重。听到这里，你大概也感受到了，S的内心存在着矛盾冲突：她认为，为知识付费是合情合理的，也认可其他人承接广告、设置付费阅读的行为；可当这件事情发生在自己身上时，她却开始对自己实行道德绑架，觉得字里行间透出的那个有生活情绪、思想超脱的自己，有赚钱的欲望是羞耻的。

　　生而为人，对金钱有欲望，是罪恶吗？不，生而为人，这都是再正常不过的需求，就如同饿了想吃东西、渴了想喝水、累了想休息、孤单了想有人陪伴一样，但没有人会因为这些问题，而指责我们说"不该如此"。

　　生活是很现实的，需要金钱和物质的支撑，一个每日更新、持续输出的自媒体人，发布的每一篇文章背后，都藏着日积月累的辛苦：要在生活中阅读大量的书籍，积极地寻找并发现素材，要构思文章的题目和框架，要静下心来去撰写并修订，写好后精心排版选图，最后呈现给读者走心的内容……这些事情都要耗费时间和精力。在公众号接广告是为了赚钱，但这也是依靠自己的知识和思想换得的机会，并不可耻，也无须背负内疚。

我们要敢于正视自己真实的欲望，不让它被压抑到潜意识中，影响我们的行为。然而，在对自己保持诚实的同时，也别忘记给予自己一点自我同情。所谓自我同情，是心理学家克里斯廷·内夫提出的一个概念，指个体对自我的一种态度导向，在自己遭遇不顺时，能理解并接受自己的处境，并用一种友好且充满善意的方式来看待自我和世界。

以S的情况来说，她并没有做错什么，赚钱的欲望是人之本能，也是生活所需，她需要正视自己的真实欲望，接纳它的存在。做个假设，就算S真是无心做错了一些事，如广告中推荐的产品质量不佳，也不能给她贴上一个"唯利是图"的标签。每个人都可能犯错，不能因为一次无心之过，把自己永久地围裹在自责、内疚的黑洞里。

自我同情，通常包含以下三个部分：

· **不评判**

当我们犯了错误或失败时，很容易出现责备自己的情形。有些人会拼命压抑情绪，认为犯错后安慰自己是懦弱的表现；也有些人会认为自己很没用，陷入不能自拔的失落中。

自我同情，可以让我们用一种"不评判"的态度来对待自己，既不刻意压抑情绪，也不过分夸大情绪，这能够帮助我们比较平静地接纳痛苦的想法和情绪。

精力锦囊

　　自我同情是指个体对自我的一种态度导向，在自己遭遇不顺时，能理解并接受自己的处境，并用一种友好且充满善意的方式来看待自我和世界。

·**自我友善**

对于他人的错误或苦难，我们很容易感同身受，并给予友善，可同样的问题出现在自己身上，却成了例外。自我友善，意味着用温暖包容的态度理解自己的不足与失败，就像对待陷入困境中的朋友一样，而不是一味地谴责批评。

·**共同人性**

当人们经历不幸的时候，往往会觉得自己是这个世界上最倒霉、最不幸的人，似乎这些不幸都是自己的责任。于是，内心就会泛起多重疑问：为什么只有我这么糟糕？为什么只有我一无是处？为什么只有我被人辜负？一遍遍的重复，会让原本就低落的情绪变得更糟。

共同人性，就是在面对不幸的事情时，告诉自己："生命的每一刻都会发生数以千计的失误，很多人都会遇到不幸的事，我并不是唯一的不幸者。"把自己的失败和痛苦体验当成是人类普遍经验的一部分，可以帮助我们不被自己的痛苦所孤立和隔离。

那么，我们在日常生活中该如何自我同情呢？

·**及时觉察**

回想一下，你是否经常会对自己说赌气的话、难听的话，或是在遇到挫折时惩罚自己？诚然，自我反省和自我批评是成长进步的必经之路，一定的负向想法也可以帮助我们调整自己的行为，但我们说过，不加怜悯的诚实是一种残酷，带来的往往是挫败感。所以，当那些批判和否定自我的念头冒出来时，要及时地觉察，这是改变的开始。

· 全然接纳

当你觉察到那些胡思乱想、自我批判的念头时，强迫这些想法停下来是很困难的，它们会不受控制地在你的脑海里翻腾。要记住一点，没有不应该产生的想法，哪怕它们让你感到很难受、很痛苦。试着在脑海里，给所有不安的想法一个栖身之所，让它们静静地待在那里，允许并接受它们存在。

· 积极暗示

做到了前两项之后，试着告诉自己："这的确是很艰难的时刻，可艰难也是生命的一部分，我已经做到了我所能做的——最好的样子。"这些积极的自我暗示，会让你对自己有更好的感受，并获得面对问题、解决问题与继续前行的勇气。

Part 7

仪式习惯

——顶级的自律是无须自律

01 / 高度严格自律一个月，为什么有人崩溃了

记不清从什么时候开始，"自律"这两个字开始在网络上"走红"。

你应该也看到过不少这样的文章或标题：《你不知道自律以后的人生有多爽》《高度自律后，我的生活开挂了》《所有优秀的背后，都是苦行僧般的自律》……不可否认，自律是一项十分重要的能力，很多人因为自律实现了目标，并享受到自律带来的人生蜕变。

网络上还经常会曝出一些艺人是多么自律，十几年如一日地坚持早起运动，无论是旅行还是工作，无论晴雨或寒暑，无论多晚收工，都雷打不动地保持运动。当他们以阳光靓丽的形象出现在众人面前时，许多人更是忍不住感叹："最怕比你优秀的人，比你更自律。"

似乎，一切的不理想，都是因为不够自律；仿佛，只要足够自律，一切都能焕然一新。于是，很多人开始信奉"自律＝成功"的公式，并严格要求自己，踏上了高度自律的征途。

· 早起——四点半起床，大好的时光不能用来睡觉！

· 运动——有氧＋无氧＝2小时，你的身材里藏着你的自律！

· 学习——不断提升自我，每周读完两本书，周末参加培训课！

· 饮食——吃清淡的食物，少油少盐少主食，戒掉零食和饮料！

· 工作——专注8小时，不能偷懒、走神，成为高效能人士！

· 断网——不刷朋友圈、卸载游戏软件、非必要聊天少于三句！

· 早睡——戒掉熬夜的陋习，23点之前必须上床睡觉！

· ……

类似这样的清单，不知道被多少人记在本子上、贴上墙上，他们会尝试各种时间管理、自我管理的方法，恨不得每一分钟都不放过，就连上下班路上的时间，都会用来思考问题或琢磨工作计划。倘若能够按部就班地执行，会觉得心满意足，认为自己是个很有行动力的人；一旦哪里出现了纰漏，未能完成既定的安排，就会焦虑不安，否定自己。

看起来已经朝着励志故事的梗概发展了，但这样的日子能持续多久呢？我身边就有这样的例子，朋友小Q年初的时候信誓旦旦地立下一页纸的flag，也列出来详细的日清单，规定从某一天开始实践高度自律的人生。起初执行得还不错，尽管觉得有些不适应和疲倦，可还是坚持了下来，她说："要给自己一点时间，慢慢适应新的节奏。"

事实并不如小Q预期的那般理想，按照高度自律的节奏"死扛"了一个月之后，小Q的精神状态和生活质量，不仅没有焕然一新，反而朝着与之相反的轨道驶去。她的精神变得很差，早晨不想起床，晚

上睡不着觉；无论饿不饿，糖油混合物不停地往嘴里送，似乎在弥补过去一个月对身体的亏欠；她很难集中精力工作，

精力锦囊

　自律也需要用正确的方式打开，否则的话，迎来的不是开挂的人生，而是崩溃的人生，沉浸在煎熬与强迫的状态中是很难走远的。

也不想跟同事说话，甚至不想见人。

　　得知小Q出现了这样的症状后，我找了一位专业的老师帮她做了几份心理量表测试，结果显示：小Q已经出现了抑郁情绪。原本是希望开启自律的人生，成为高效能人士，最后却把自己逼到了崩溃的境地，这就是不讲章法的自律演绎出的结局。

　　仔细回顾不难发现，像小Q这样的时间管理与自律，在很大程度上是通过压抑欲望实现的。借助各种方法和工具，与欲望、诱惑、娱乐、信息作斗争，在使劲全身解数战胜了它们之后，会觉得自己很了不起，并更加坚信"人生最大的敌人就是自己"，然后会变本加厉地压抑欲望，强迫自己把更多的时间和精力专注在清单列表的计划事项上。结果，生活里只剩下了"任务"，每一项都很重要，也都伴随着压力，为了完成它们就只能不断地给自己拧上发条，精神上的弦越绷越紧，直到某一刻实在无力承受，彻底崩溃！

　　如果你在自律的路上，也走得如小Q这般艰辛，不妨先让自己停下来。毕竟，沉浸在煎熬与强迫的状态中是很难走远的。人生的路那么长，我相信每一个对自己有要求、对生活有追求的人，都不希望做

事"三分钟热度"，而是更期待自己可以几十年如一日地、精力充沛地走在提升自我的路上，不必拖着疲倦、咬着牙硬撑。

　　如果你看到网上盛传的清华特奖学霸们的日程表，会发现一个共同特性：尽管他们的日清单排得很满，事项各不相同，但几乎每人每天的日程里都有一项"休闲项目"，如听歌、刷剧、跟室友聊天、喝下午茶、健步走等。他们并未把所有的时间都用来学习和工作，也没有压抑自己对娱乐的欲望，却在张弛有度中实现了自我管理和高效能。所以说，自律也需要用正确的方式打开，否则的话，迎来的不是开挂的人生，而是崩溃的人生。

02 / 仪式习惯的力量：顶级的自律是无须自律

自律本身没有错，错的是实践自律的方法。

那么，怎样做才是自律的正确打开方式呢？

我们都知道，游戏里有段位等级之分，其实自律也是一样。用什么样的方式实践自律，直接决定着自律的效果与持久度，更决定着人与人之间的差距。

·低级自律靠强迫，通过压抑欲望来实现

前面提到过，像小Q那样的自律方式，完全是通过压抑欲望来实现的，这种自律就属于低级自律。要知道，所有被压抑的欲望，迟早会有反弹或爆发的一天。

读大学时，班里有个来自南方某市的男同学，他是以所在城市高考状元的身份考入学校的。在高中阶段，他一心想考进理想的大学，而所在省市的高考录取分数又很高，第一次高考失利后，他复读了一年，全身心投入备考中，放弃了娱乐与休息的时间。最后，如愿以偿被第一志愿录取了。可这位对学习相当有毅力的男生，在大学四年毕

业之际，竟然连毕业证和学位证都没有拿到。在考入大学后，由于没有了升学的压力，他就很难全情地投入到学习中。后来，有同学教他玩网络游戏，由于之前压抑了所有的娱乐活动，他一下子迷上了玩游戏的体验，几乎把所有的时间和精力都放在打游戏上了，经常通宵地玩，以至学业被耽误。

·中级自律靠意愿，要调动强大的意志力

中级自律是自己心甘情愿，但需要极强的意志力，且需要特定的条件才能实现。

《我在底层的生活》是一本既辛酸又有趣的"卧底"纪实作品，也是探讨"穷忙族"生存困境的经典著作。为了寻找底层贫穷的真相，作者隐藏自己的身份和地位，潜入美国的底层社会，去体验低薪阶层如何挣扎求生。

为了这一研究课题，女作者不得不承受生活的巨变。她不再是那个上层社会的女精英，而是化身为底层劳工，给自己制订了严苛的执行标准，在衣食住行各方面都做了相应的调整。她流转于不同的城市、不同行业，先后做过服务员、清洁女工、看护之家助手、超市售货员等，她每天要强打着精神为生活奔波，佯装笑脸应对挑剔难缠的客户……在这样的处境之下，她发现自己很难保持自律，因为大部分的意志力都被掏空了。不仅如此，她还染上了烟瘾，脾气也变得暴躁，就连吃饭也是随意糊弄。

在这样的情境下，自律是需要克制很多东西，就像是跟住在心里的怪兽打架：心情好、精力旺盛时，咬牙就能打败那只怪兽。可惜，这样的战斗值不是时刻都有，倘若非要咬着牙硬打下去，用不了多久就会疲惫不堪。这也是为什么，很多人主观意愿上很想戒烟、很想减肥，却往往只能自律一时，没办法自律一生。

· **高级自律是无须自律，一切都是习惯使然**

K小姐无论春秋冬夏，每天都能早晨六点钟起床，完成5公里的慢跑；无论多么好吃的饭菜，都只吃七分饱……不知情者都会感叹她如此自律，但K小姐自己却并不觉得，在她看来这就是很平常的事，根本不必刻意要求自己去做什么，到了那个时间点儿，就自动地去做该做的事，再无其他。

有研究机构的实验表明，人类行为只有5%是受自我意识支配的。换而言之，我们的行为有95%都是自动反应或对于某种需求或紧急状况的应激反应。当一件看似艰难的事情，变成了深入骨髓的仪式习惯后，做起来就是自然而然的。就像很少有人早上起来会为了"刷不刷牙"的问题纠结，因为刷牙已经成了一种习惯。所以说，高级的自律是无须自律，一切都变成了积极的仪式习惯。

积极的精力仪式习惯有三个重要意义：

· 第一，确保精力有效地使用在当下的任务上，不会被其他事物分散。

·第二，减少行为对主观意愿与自律的依赖，让执行变得简单，不会让大脑产生过多的负面情绪，在纠结"做与不做"上耗费精力。

精力锦囊

　　高级的自律能减少行为对主观意愿与自律的依赖，让执行变得简单，不会让大脑产生过多的负面情绪，在纠结"做与不做"上耗费精力。

　　·第三，将价值观与目标感有效地转化为行动。对很多人来说，行动和价值观之间还有很长的距离，即便认识到一件事很重要，可在真正践行的时候，却并没有在行动和选择上体现自己的价值观。比如，嘴上说以后一定坚持自己做早餐，却总是懒得起床去准备。

　　看到这里，希望热爱生活、追求美好的你，能够对自律有一个全新的认识。想做好一件事，实现一个目标，不要选择违背本能、约束克制的方式，把自己搞得精疲力竭；要学会追求高级的自律，把想要达成的目标养成一种习惯，成为一件轻而易举就能完成的事，到最后它们就会变成你的日常行为，陪伴你一生。

03 / 每一次调动自控都是对有限精力的消耗

为什么仪式习惯的力量远远胜过于意志力呢？我们不妨先来看一个实验：

研究人员挑选了一些有饥饿感的受试者，将其分成两组，并在他们面前摆放了两盘食物，一盘是香甜可口的巧克力饼干，另一盘是胡萝卜。研究人员告诉第一组受试者，可以随心所欲地食用面前的食物；第二组受试者则被要求，不能吃巧克力饼干，只能食用胡萝卜。

实验开始后，第一组受试者拿起饼干就吃起来，第二组只能吃胡萝卜的受试者却面带苦相，望着眼前美味的饼干却不能碰，简直是一种煎熬。研究人员透过监控发现，第二组中有一位受试者，拿起饼干闻了一会儿，又恋恋不舍地将其放了回去。这足以证明，在这个过程中，第二组只能吃胡萝卜的受试者调动了意志力，而第一组可以随心吃东西的受试者，却没有这样的感觉，他们显得轻松而愉悦。

15分钟以后，研究人员给两组受试者出了同样的"一笔画"谜题，让他们来解答。这样的题目，完全需要依靠意志力坚持做下去。

研究人员发现，可以吃饼干的第一组受试者，在谜题任务中平均坚持了16分钟；而只能吃胡萝卜的第二组受试者，平均只坚持了8分钟。

精力锦囊

　　意志力远比我们想象得要稀缺，我们必须选择性地取用。即使是很小的自控行为都会消耗精力储备。

　　透过这个实验，你有没有总结点什么？主动性与自律都需要调动意志力，但意志力远比我们想象得要稀缺，我们必须选择性地取用。即使是很小的自控行为都会消耗精力储备，这次主动运用精力意味着下次可取用的精力减少。

　　所以，不管是抵抗美食的诱惑，还是强制性地完成运动计划，或是咬牙坚持一项困难的任务，都会消耗我们容易枯竭的精力储备。对我们而言，每天只有很少的一部分精力可供用来进行自控。正因为此，卡耐基·梅隆大学社会与决策科学系的专家，对于人们喜欢在年初立下flag的问题如是说道："如果想把新年第一天立下的决心坚持到底，依靠意志力是没用的。只要有毅力和决心就能排除万难、抵御所有诱惑的想法，根本站不住脚。"

　　从心理学的角度来讲，意志力可能代表着大脑中用来处理紧急状况或意外状况的那一部分；而像运动、减肥、戒烟、戒酒等问题，涉及大脑的另一部分，即习惯系统。然而，习惯系统发展得十分缓慢，它在各种技能的学习中发挥作用，比如骑自行车、开车、游泳。

最初，你要一点一点地学，慢慢掌握难度更大的技巧，最后达到相当熟练的程度，根本不需要去思考该怎么做。成瘾，就是对习惯系统的"劫持"，所以戒烟或节食才会变得如此困难。

想要依靠意志力去长久地坚持一项任务，或是改掉某一不好的习惯，就像试图用水枪射穿墙壁一样徒劳。与之相比，更加有效的办法是：循序渐进地树立能够成功实现的目标，用积极的仪式习惯去替代坏习惯。当积极的仪式习惯形成后，就不用再花费太多的意志精力去维持它，确保精力消耗与更新能够达到有效平衡，更好地为全情投入服务。

04 / 养成仪式习惯要掌握的六个核心要点

现在我们已经知道，想要长期坚持一件事，或改掉一个坏习惯，凭借意志力是不太可行的。毕竟，精力账户的储备有限，每一次的自控都要花费思考成本，造成能量消耗。那些我们长久以来在做的事情，大都是依靠仪式习惯坚持下来的。因为习惯可以让大脑形成依赖，帮助我们创造属于自己的稳定框架，将逻辑等其他一切排除在外，留出精力与再生时间。

为了避免被有限的个人意愿和自律性束缚手脚，我们要养成有效的精力管理仪式习惯。这不是一件容易的事，需要依靠多种因素，我们在此简单地介绍一些核心要点：

· **核心要点1：先行后思**

一直以来，为了秉承严谨的态度，人们在做事时都力求"三思而后行"。然而，哲学家怀特海却尖锐地提出："我们不该培养先思后行的习惯，反过来才是正确的。当人们不假思索便能做出的行为越来越多，文明才得以进化。"

对此，我个人的看法是：如果要做一项重要决策，三思后行是很有必要的，以降低冲动或大意导致的失误；如果是要养成一项仪式习惯，先行后思是可取的方法。

在尚未形成习惯之前，在做一件事情时，大脑往往需要反复思考，消耗意志精力后，才能做成一件事。如果省去这个过程直接去做，最终将其变成一种自发模式，就不必调动意志力去完成它了。所以，我们要认清一个事实：把一件事情做到"不用思考纠结就能去做"，是养成仪式习惯的重要前提。

·**核心要点2：塑造身份**

意识到"做"比"想"更重要以后，很多人就开始为自己制订习惯养成计划了。然而，在做计划的时候，有些人高估了自己的行动力，忽视了精力曲线，陷入了另一个误区。比如，有一位程序员朋友，每天有12个小时要忙于工作，下班后还给自己制订了一个写作2小时的计划，这根本不是养成习惯，而是在自我施虐。

习惯养成的计划，应当是循序渐进的，因为谁也无法保证自己每一天的精力、每一次执行计划的状态都是一样的。就拿"每天跑5公里"为例，理想的状态就是无论春夏秋冬、风霜雨雪，都要雷打不动地完成，但实际的情况却是——第一天就失败了，因为体能不够；跑了10天，腿受不了了，等等。

正确的计划应该是：第一周每天跑3公里，第二周每天跑4公里，第三周每天跑5公里，让自己体会到"在进步"的感觉，减少畏难情绪，身体也能承受。就算有一天没能完成既定计划，但只要你去跑了，就值得肯定。因为在习惯养成之初，塑造身份的转变，比把注意力集中在想要达到的目标上，更加重要。

塑造身份是詹姆斯·克利尔在《掌控习惯》中提出的概念，他写道："真正的行为上的改变是身份的改变。你可能会出于某种动机而培养一种习惯，但让你长期保持这种习惯的唯一原因是它已经与你的身份融为一体。"换句话说，当你开始把自己看成是你想成为的那个人时，你就会让自己更容易采取行动养成新的习惯。

以戒烟这件事为例，当有人把一根烟递给你时，你不要说："谢谢，我正在戒烟。"你要告诉对方："谢谢，我不抽烟。"这就是塑造身份的转变，你是一个不吸烟的人，那你自然就不会去做吸引的行为。

·核心要点3：精准规划

如果只是告诉自己"我要养成跑步的习惯，成为一个注重健康的人""我要每周末留出2个小时，给予孩子高质量的陪伴"，而没有将实践和行为精准化、具体化，会在很大程度上降低成功的可能性。不少论据充足的研究，都证实了这一点。

·研究人员要求参与者撰写一篇圣诞前夜的规划报告，并在48小时内提交。第一组参与者被要求，明确他们准备写作的时间和地点；第二组参与者则不做任何要求。结果，第一组参与者中有75%的人都按时提交报告，第二组只有三分之一的人按时提交。

·研究人员要求女性受试者在一个月内定期自查乳腺情况，两组受试者都对这项活动表示出浓厚的兴趣和坚定的决心。第一组受试者被要求提交她们为自查安排的时间和地点，第二组受试者没有接到这样的要求。结果，第一组受试者几乎100%地完成了这项任务，第二组受试者却只有53%的人完成了任务。

·研究人员对两组处于脱瘾期的吸毒者进行实验，在脱瘾期间，吸毒者需要调动全部的意志力来抵抗毒品的诱惑，因此额外的事情就成了不可能完成的任务。研究者要求第一组人员在下午5点钟之前，递交一份个人简历，几乎没有人做到；第二组人员也接收到了同样的任务，唯一的差别在于需要他们写明自己在什么时间、什么地点制作简历，结果有80%的人都完成了这项任务。

这些研究都说明了一个事实：不够精准和具体化的计划，需要调动我们有限且易逝的自控能力储备。如果确定了时间、地点和具体行为，即：我将在（时间）和（地点）做（某事），就不必在完成上想得太多。

·**核心要点4：小而持续**

很多人想养成运动的习惯，或想要成为早起达人，并从一开始就对自己提出了严格的要求：每天锻炼1小时，或每天提前2小时起床。结果呢？把自己折腾得够呛，精力明显不足，过不了几天，整个计划就以失败告终了。为什么会这样呢？

　　省力法则强调："当人们在两个相似的选择之间作决定时，会很自然地倾向需要最少精力、努力或有最小阻力的选择。"我们的大脑倾向储存能量，而所有的行动都需要消耗。一个习惯需要调动的能量越少，就越容易实现；需要调动的能量越多，就越难以维持。所以，要养成积极的仪式习惯，采取细小的、一致的、持续的行动十分关键。我们唯有保存精力，让大脑支持自己，才能建立促进这些习惯的系统。

精力锦囊

　　设立反馈可以让我们不再过分关注结果，转而去享受追求结果的过程，当某一行为与愉悦建立条件反射后，这个行为就更容易延续下去。

　　另外要强调的一点是：不要希冀着同时养成多个仪式习惯，一次性设定太多的改变，远远超出个人意愿与自律的有限能力，很容易就会退回原形。这不仅会打破原来的计划，还会给自己带来负面情绪。习惯是慢慢养成的，欲速则不达，每次把精力放在一个重大的改变上，每一步都设定一个可行的目标，成功的概率会更大。

　　· **核心要点5：习惯追踪**

　　保持一致性的最好方法是什么呢？答案就是，习惯追踪！

　　习惯追踪，就是追踪自己习惯的行为，为自己付出的努力提供视觉证据。《掌控习惯》的作者詹姆斯·克利尔曾经说过："视觉提示是我们行为的最大催化剂。出于这个理由，你所看到的细微变化会导致你行为上的重大转变。"

现在有不少的手机App都有类似的功能，我最常用的一款健康生活的App，里面有饮食记录（热量）、运动课程，可以将自己的身高体重、围度、减脂或塑形目标记录，每天记录饮食，可以直观地看到热量摄入；每周固定时间记录体重，它会随着时间的推移，自动生成变化曲线，以及你完成计划的进度，一目了然。我用这款App已有两年的时间，它也的确帮我养成了记录饮食的习惯，让我知道自己每天的摄入量有没有超标，营养是否均衡，以及每日的运动消耗，有趣又有用。

·核心要点6：设立反馈

在习惯养成的过程中，要设立反馈机制，当自己完成了30天、60天、100天的阶段性里程时，不妨送自己一件喜欢的礼物，如健身服、短途旅行、精美的日记本等。

我们都知道，量变决定质变。很多时候，我们之所以不想做一件事，恰恰是因为没有看到任何积极的改变。然而，没有看到进展，并不意味着它没有发生，就如詹姆斯·克利尔所说："我们很少意识到的是，突破时刻的出现，通常是此前一系列行动的结果，这些行动积聚了引发重大变革所需的潜能。"

坚持是持久变化的关键，但长期行动需要时间。正因为此，我们才要积极地关注进展，让自己为某个目标投入的频次、时间可视化，并在完成阶段性的小目标后，及时给予反馈。这样做的好处在于，可以让我们在进步中获取积极的精力，继续前进。与此同时，也让我们不再过分关注结果，转而去享受追求结果的过程，当某一行为与愉悦建立条件反射后，这个行为就更容易延续下去。

养成仪式习惯是一个循序渐进的过程，需要一步一个脚印慢慢走、持续走，从小目标开始，伴随着愉悦感与成就感前进，最终使其成为一种自发的行动，来抵消主观意愿与自制力的局限，从而帮助我们节省精力，在不知不觉中成为更好的自己，做更多有价值的事。

05 / 正向意念：潜意识不会处理否定性的字眼

试着对比下面的两组说法，体会两者带来的不同感受：

· 第一组

（1）你今天必须打100个电话，否则不能下班！必须完成！

（2）你今天要打100个电话，说不定可以给自己带来几个订单，这样的话，你就有更多的收入，可以给自己换一部心仪的手机。

· 第二组

（1）你今天必须写完报告，否则就不能上网玩游戏、聊天，做任何和网络有关的事。

（2）你今天要完成报告，之后就可以在你喜欢的任何时间去上网、做你喜欢的事。

哪一种表达让你觉得更舒服，更愿意采取积极的行动呢？

第一种说法是惩罚式的反向激励，它会给人造成紧迫感和恐惧感，压力剧增，人也更容易感到疲劳和厌倦。面对这样的情形，我们的潜意识通常会用拖延的方式来缓冲疲劳与焦虑，耗损的精力不少，却很难实现目标。

第二种说法是用正向信念的激励,把每一份结果都添加到了激励中,会不断地提醒当事人:你已经做了很多有意义的事,也越来越有信心去完成剩余的事情。更重要的是,知道在完成既定任务后,能够给自己带来更大的享受机会,一切都变得很明朗,人也变得精力十足。

为什么正向信念的激励,更有利于为我们增补精力,去完成既定任务或养成仪式习惯呢?这里有一条重要信息需要我们了解:潜意识不会处理否定性字眼。当你告诉自己:"千万不要去想一头粉红色的大象"时,出现在脑子里的,往往就是一头粉红色的大象。当你告诉自己:"千万不能碰香烟",大脑对烟的渴望会比之前强烈很多,你会越发想要去吸烟。

为了让体重掉得快一点,女孩T尝试了"断碳"的方法:早上吃两颗鸡蛋,中午吃牛肉或鸡肉,晚上吃一颗苹果或一个西红柿。就这样,坚持了二十几天,果然10斤的体重离她而去,但副作用也很明显:T变得蔫头耷脑、郁郁寡欢,做什么事都提不起精神,效率极低。

眼见着掉了10斤的体重,算是小有成就,加之单一饮食带来的厌倦,T开始逐渐补充一些其他的食物,但依旧不敢碰碳水类的东西,将其视为减肥路上的绊脚石。短期内,她还能够靠意志力坚持,可在40天过后,她举手投降了。看到米饭、面包、蛋糕、糯米等食物后,

T完全丧失了抵抗力，假装用"欺骗餐"安慰自己，让自己吞下三个粽子、一个面包、半碗米饭……T心里很清楚，人家的"欺骗餐"根本不是这样的吃法，她是在为自己的放纵和补偿心理找借口。

一顿"欺骗餐"吃完，下一顿还想吃。渐渐地，T又回到了过去那种饮食方式，减掉的那10斤肉，很快又华丽丽地回涨。这时候，T的心情非常焦躁的，一方面着急恐惧，害怕复胖；一方面悔恨自责，觉得自己太没出息，似乎有个声音在说：你不是一个有意志力的人，你控制不住自己，这辈子你就只能胖下去了。自暴自弃的折磨，让T重新回到了原点。

精力锦囊

潜意识不会处理否定性字眼，你想成为什么样的人，过什么样的人生，养成什么样的习惯，就用积极正向的意念来暗示自己。

为什么越不想发生的事（不吃碳水），往往越不受控制？我们在本书的第一部分谈到过饮食对精力的影响，此处不再赘述，这里着重强调的是"潜意识不懂得处理否定性字眼，也不能分辨对错"，如果你总是对自己说："不能吃甜品""不能碰米面""不要失眠"，结果往往会事与愿违，因为潜意识只会关注"甜品""米面""失眠"。

了解了潜意识的特性，我们就可以把自己的愿望装进潜意识，当它接收到这个任务后，就会自动让我们的行为朝着这个目标前进，协助我们建立积极的仪式习惯。比如，你想培养健康饮食的习惯，那你就要让潜意识接受这样的信息："我关注身体健康""我喜欢清淡的食物""我每顿饭吃半碗米饭""我会越来越健美""我享受运动的畅快",慢慢地你会发现,纠结与拧巴变少了,做这些事情变得越发自然。

总而言之,你想成为什么样的人,过什么样的人生,养成什么样的习惯,就用积极正向的意念来暗示自己。当你能够描述出具体的目标,并拥有强烈的实现目标的欲望,大脑就会和潜意识接通,用潜意识来驱动行动,这比刻意调动自控力去支配行为,更节省精力,也更有效。别等了,现在就行动吧!